dà
大

dòu

豆

中国农业的『四大发明』

大豆

王思明 丛书主编
石 慧 著

中国科学技术出版社
·北京·

图书在版编目（CIP）数据

大豆 / 石慧著. -- 北京：中国科学技术出版社，2021.8
（中国农业的“四大发明” / 王思明主编）
ISBN 978-7-5046-8416-5

Ⅰ. ①大… Ⅱ. ①石… Ⅲ. ①大豆－栽培技术－农业史－研究－中国 Ⅳ. ① S565.1-092

中国版本图书馆 CIP 数据核字（2019）第 247208 号

总 策 划　秦德继
策划编辑　李　镅　许　慧
责任编辑　李　镅
版式设计　锋尚设计
封面设计　锋尚设计
责任校对　邓雪梅
责任印制　马宇晨

出　　版　中国科学技术出版社
发　　行　中国科学技术出版社有限公司发行部
地　　址　北京市海淀区中关村南大街 16 号
邮　　编　100081
发行电话　010-62173865
传　　真　010-62173081
网　　址　http://www.cspbooks.com.cn

开　　本　710mm × 1000mm　1/16
字　　数　125 千字
印　　张　11
版　　次　2021 年 8 月第 1 版
印　　次　2021 年 8 月第 1 次印刷
印　　刷　北京盛通印刷股份有限公司
书　　号　ISBN 978-7-5046-8416-5 / S · 764
定　　价　68.00 元

丛书编委会

主编

王思明

成员

高国金
龚　珍
刘馨秋
石　慧

序言

谈到中国对世界文明的贡献，人们立刻想到“四大发明”，但这并非中国人的总结，而是近代西方人提出的概念。培根（Francis Bacon，1561—1626）最早提到中国的“三大发明”（印刷术、火药和指南针）。19 世纪末，英国汉学家艾约瑟（Joseph Edkins，1823—1905）在此基础上加入了“造纸”，从此“四大发明”不胫而走，享誉世界。事实上，中国古代发明创造数不胜数，有不少发明的重要性和影响力绝不亚于传统的“四大发明”。李约瑟（Joseph Needham）所著《中国的科学与文明》（*Science & Civilization in China*）所列中国古代重要的科技发明就有 26 项之多。

传统文明的本质是农业文明。中国自古以农立国，农耕文化丰富而灿烂。据俄国著名生物学家瓦维洛夫（Nikolai Ivanovich Vavilov, 1887—1943）的调查研究，世界上有八大作物起源中心，中国为最重要的起源中心之一。世界上最重要的 640 种作物中，起源于中国的有 136 种，约占总数的 1 / 5。其中，稻作栽培、大豆生产、养蚕缫丝和种茶制茶更被誉为中国农业的“四大发明”[1]，对世界文明的发展产生了广泛而深远的影响。

---

1 王思明. 丝绸之路农业交流对世界农业文明发展的影响. 内蒙古社会科学（汉文版），2017（3）: 1-8.

中国农业的『四大发明』

大豆

大豆是中国古代重要粮食作物之一，中国先民5000年前已经开始种植大豆。甲骨文中即有『菽』，周朝的时候，『菽粟』并提，『豆饭藿羹』，司马迁《史记·五帝本纪》将『菽』列为『五谷』之一。在部分地区，大豆种植几乎占到了粮食作物种植面积的40%。

大豆走向世界时间相对较晚，但影响却不容低估。今天世界大豆命名中大多以中国古代对大豆的称呼“菽”为原音，如英文的soy，法文的soya，德文的soja，等等。世界各地的大豆大多是从中国直接或间接传入的。大豆在汉代随着“丝绸之路”传入波斯和印度，向东传入朝鲜和日本，1300年前传入印支国家，13世纪通过海上丝绸之路传入菲律宾、印度尼西亚和马来西亚等东南亚地区。1740年，欧洲传教士将大豆传入法国，1760年传入意大利，1786年德国开始试种，1790年英国皇家植物园邱园（Kew Gardens）首次试种大豆，1873年维也纳世界博览会掀起了大豆种植的热潮，进而流布欧洲。1765年曾受雇于东印度公司的水手塞缪尔·鲍文（Samuel Bowen）将大豆带入美国，1855年在加拿大种植。中亚外高加索地区直到1876年方种植大豆。1882年中国大豆在阿根廷落地并开始了其南美传播的进程。1898年俄国人从中国东北地区带走大豆种子，在俄国中部和北部推广；1857年传播到埃及；1877年墨西哥等中美洲地区始见栽培；1879年大豆被引种澳大利亚。今天，世界已有50多个国家和地区种植大豆。

大豆蛋白质含量高，被誉为“田中之肉”和“绿色牛乳”。百年前，因中国人多地少，缺乏大规模发展畜牧业的条件，民食中肉类蛋白严重不足。为了弥补动物蛋白的不足，发展大豆生产无疑成为补充蛋白质不足的重要途径。因此，孙中山先生说：“以大豆代肉类是中国人所发明。”仰仗大豆的蛋白质，才满足了中华民族正常的人体需求。民国时期人们又发现大豆为350余种工业品之原料，其价值远甚于单纯作为粮食作物。

豆腐的发明，是中国对世界食品加工的一大贡献，是大豆利用的一次革命。豆腐制作技术从唐代首先传到日本。一般认为豆腐技术是鉴真和尚在754年从中国带到日本的，所以日本人将鉴真奉为日本豆腐业的始祖，并称豆腐为“唐符”。隐元和尚1654年把压制豆腐的技术带入日本。中国豆腐技术约在20世纪初传到西方，1909年国民党元老李石曾在法国建立西方第一个豆腐工厂，生产豆制品，称豆腐为“20世纪全世界之大工艺”。

晚清和民初的时候，中国仍是世界第一大大豆生产国，迟至1936年，中国大豆产量仍占世界总产量的91.2%。但到1954年，美国已经超过中国，成为世界最大的大豆生产国。今天美国仍为世界第一大大豆生产国，其次为巴西和阿根廷。近年，因比较优势的因素，中国大豆进口持续增长，2016年中国大豆进口高达8391万吨[1]。

王思明

2021年3月于南京

1 1吨=1000千克。

前言

大豆是最早起源于中国的古老作物，数千年来，华夏先民不但种植和收获着大豆，还在世界上最早开始了对大豆的加工和利用。在远古时期的神话传说中我们看到了大豆的身影，在古代的文献资料中记载了关于大豆的知识，在各地的考古挖掘遗址中发现了距今千年以上的大豆遗存。

可以说，大豆在中国有着悠久的发展历史。中国野生大豆不仅历史悠久，而且品种资源丰富、地理分布范围广阔，凭借古代先民的智慧和劳作，至迟到春秋时期以前，大豆已基本实现了由野生采集到人工驯化的转变，栽培大豆的品种类型也趋于成熟。战国时期，大豆一举成为人们食物系统中最主要的粮食作物，并有“豆饭藿羹”和“啜菽饮水”的记载。推动大豆地位不断提高的深刻原因，主要是大豆与当时的社会经济文化状况相互耦合。秦汉之后，大豆从豆饭藿羹的主粮食物转向品类多样的大豆副食品，豆酱、豆豉、豆浆、豆腐等多种多样的大豆利用方式被不断开发出来。大豆由主食变副食，并不能简单看作是大豆地位的下降，这是中国粮食体系内部优化配置的结果。到明清时期，大豆的种植范围已经遍及全国各地，大豆及其制品豆油和豆饼还成为国际市场上的主要商品之一，中国大豆的生产、加工和利用消费已经全面发展并处于世界领先地位。然而，中国大豆的种植生产和贸易出口优势在 20 世纪以后发生了根本改变，进入 21 世纪，中国的大豆产业同时面临着机遇与挑战。

在不同历史时期，大豆在中外交流活动中，通过陆上和海上丝绸之路，被多次引种传播至亚洲、欧洲、美洲等多个国家和地区。由于大豆在人们生产生活中的食用、经济、生态和文化等方面的多功能价值，到目前已被世界各地的人们广泛地栽培和利用。大豆源于中国，对世界农业的发展、人类文明的进步都起到了十分重要的作用，足以名列中国农业的“四大发明”。

石　慧

2021 年 3 月

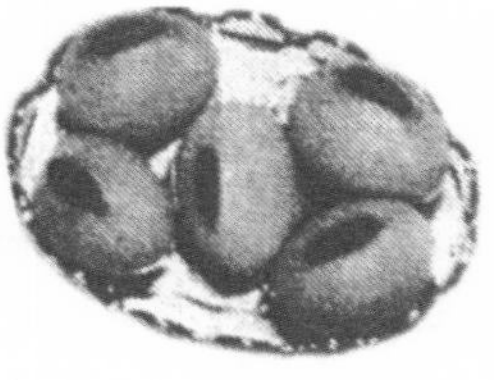

目录

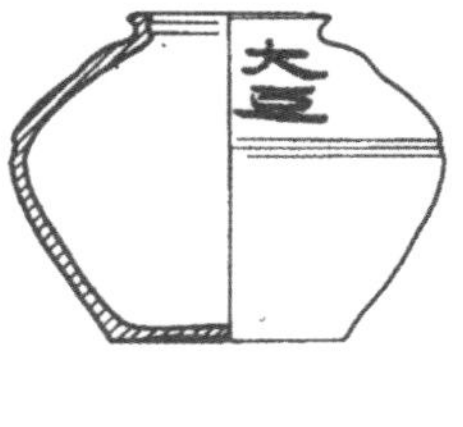

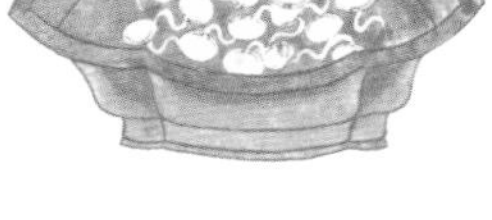

第一章

得天独厚

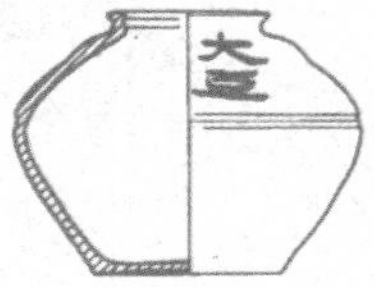

从野生到栽培

中国是大豆的故乡，这绝不是出于民族自豪感的自夸之词，而是由世界农业考古专家、中外学者达成的基本共识。在远古的部落时代，华夏先民就已开始采集野生大豆，经过不断尝试与经验的积累，一步步将大豆从野生植物驯化为日常栽培作物。虽然数千年的历史烟尘已将这条驯化之路掩埋湮没，但是循着历史残留下来的『草蛇灰线』，我们依然能通过神话故事、自然资源、考古发现和古代文献等多重证据，来回溯春秋以前大豆在中国从野生到栽培的历史过程。

第一节 丰富的野生大豆资源

人们常说，中国是大豆的故乡。严格来说，中国是栽培大豆的故乡，而野生的大豆资源，则在世界其他国家和地区也有分布。那么，野生大豆和栽培大豆的区别在哪里？

人类在认识自然和改造自然的漫长岁月里，经过最初的观察和采集活动，逐渐驯化了很多农业作物。古老的作物大豆便是其中的一种。

野生大豆与栽培大豆是同大豆属不同品种的、有着密切联系的作物种类，它们在外部形态、营养物质、生长习性等多个方面有着较为明显的差异。农学家通过搜集和整理发现，在中国、俄罗斯、朝鲜、日本等国都发现了野生大豆的分布。既然野生大豆资源在不同国家和地区都有分布，那又为何说中国的野生大豆资源是得天独厚的呢？

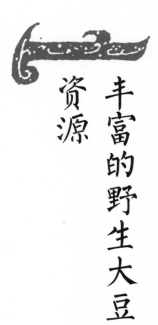

首先，在分布地域方面，野生大豆资源可谓遍及中国各地。大体上看，分布范围北起黑龙江的漠河县北极村，南到广西的象州和广东的英德；东起黑龙江的抚远县通江乡东辉村，东南到舟山群岛，并延至台湾岛，西到西藏察隅县的上察隅镇，西北到甘肃的景泰县；除青海、新疆及海南外，其他各省（自治区）均有野生大豆资源分布。其垂直分布是：东北地区分布的上限在海拔 1300 米左右，黄河及长江流域在 1500 ~ 1700 米，西藏海拔上限 2250 米，全国野生大豆资源分布的最高点在云南省宁蒗县 2738 米处。可见，野生大豆资源基本覆盖了中国的绝大多数地区，从边疆省份到中原腹地都有分布，特别是在北纬 30° 到北纬 45° 之间呈现出逐渐增多的趋势，而在气温较低即最暖月平均气温不足 20℃或气温较高即月平均气温高于 20℃的、时间在 6 个月以上的地区没有野生大豆。丰富的野生大豆资源为人们进一步将之驯化为栽培大豆品种提供了必要的物质基础。

野生大豆线图[1]

| 王宪明　绘 |

大豆线图[1]

| 王宪明　绘 |

1　参考中国科学院植物研究所《中国高等植物图鉴（第二册）》图像资料绘制。

其次，在品种数量方面，中国的野生大豆品种数量非常多。从20世纪40年代起，已有学者对中国的野生大豆进行零散的调查与研究，之后逐步开始了数轮大规模的野生大豆考察搜集活动。其中影响较大、成果较多的包括：1978年，吉林省农业科学院和吉林省农业厅组织相关人员对遍及吉林省所有县（市）的野生大豆进行了大规模考察，不但搜集到数千份野生大豆种质资源，还发现了之前未被发现的新类型，为此后全国大规模野生大豆考察活动积累了宝贵的经验；1979—1981年，中国农业科学院品种资源研究所和油料作物研究所、吉林省农业科学院共同合作，在全国范围内对野生大豆资源进行了大规模的考察搜集，此次采集种质资源达到5000多份；1982—1984年，由中国农业科学院品种资源研究所主持的对西藏自治区野生大豆资源的考察活动，又进一步丰富了中国的野生大豆种质资源；2002—2004年，中国农业科学院品种资源研究所领导进行了野生大豆资源补救性考察搜集工作，对之前没有涉及但有可能存在野生大豆资源的地区进行考察，并增补了800多份不同生态类型的野生大豆；2008—2009年，吉林省农业科学院和云南省环保站组织力量对滇西北地区的野生大豆资源进行调查，结果使野生大豆在中国垂直分布的海拔得到了提高；2008—2014年，吉林省农业科学院又对29个野生大豆原生环境保护点进行考察和研究，通过分析结果显示中国野生大豆蛋白质含量的记录得到更新，同时还获得一些抗病性、氨基酸等含量较高的野生大豆。综上，截至2010年年底，国家种质库已累计保存野生大豆8518份，已编目入库的各类野生大豆资源和含有野生大豆血缘的中间材料共计6172份。中国野生大豆资源不仅在地域上分布广泛，而且品种上数量繁多。丰富的野生大豆种质资源成为保障大豆遗传多样性、大豆品种驯化改良的前提条件。

最后，在品种类型方面，中国的野生大豆同栽培大豆更为接近。要了解大豆从土地间野生生长到农田中人工驯化的变化过程，就应首先对大豆属植物有一些基本的认识和了解。大豆属是豆科、蝶形花亚科、菜豆族下一小属，又可以分为Glycine和Soja两个亚属。Glycine亚属下有 16 个多年生野生种，分布于澳大利亚、巴布亚新几内亚和中国东南部少数民族地区，而Soja亚属的野生种分布于中国、朝鲜半岛、日本、俄罗斯等地，其下属有两个一年生种，这两个一年生种就分别是我们现在所说的野生大豆和栽培大豆。一年生种的野生大豆和栽培大豆由于染色体数相同，所以它们两者之间更易于杂交，且结实性良好。中国境内的野生大豆资源绝大部分是一年生种，仅有烟豆和短绒野大豆两个多年生种。中国的野生大豆与栽培大豆的种属更为接近，这也为中国是大豆由野生到栽培的发生地的观点提供了佐证。野生大豆和栽培大豆在根、茎、叶、花、果实、种子等多个方面有着形态上的差别。

大豆：文俶《金石昆虫草木状》，明万历时期彩绘本

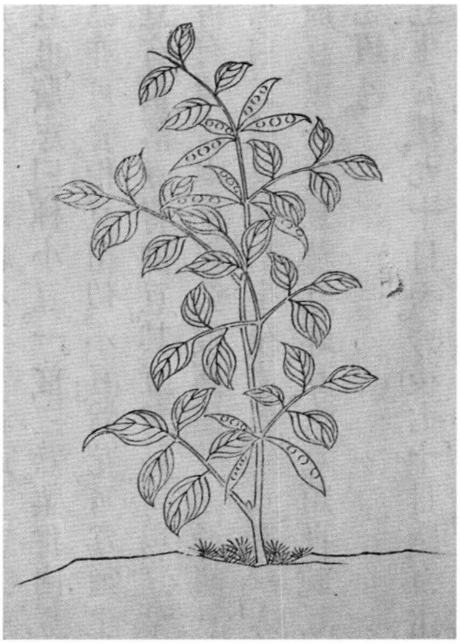

大豆：鄂尔泰，张廷玉《钦定授时通考》，清乾隆七年武英殿刊本

第二节 考古发现中的大豆遗存

丰富的野生大豆资源为栽培大豆最早起源于中国提供了有力的自然证据，还需要考古中不断出现的新发现才能将这种可能性的或然变为确证性的实然。目前，通过考古工作者的辛勤努力，大量的考古发现已经可以证明中国是栽培大豆的起源地。

早期出土的大豆考古遗存主要分布在中国的北方地区，20世纪50年代末到60年代初，在黑龙江省宁安县大牡丹屯和牛场遗址、吉林省永吉县乌拉街遗址都分别出土过距今约3000年西周时期的大豆遗存。1957—1958年，中国科学院考古研究所洛阳发掘队先后对洛阳市郊金谷园村和七里河村两处的几百座汉代墓葬进行清理发掘，在出土的陶仓上发现有“大豆万石”和“大豆百石”的字样，并有部分豆类遗存一起出土。1959年在山西省侯马市“牛村古城”南的东周遗址中也出土了颜色呈淡黄色的形态类似于栽培大豆的遗存物。

陶仓上的文字摹本[1]

1 陈久恒，叶小燕. 洛阳西郊汉墓发掘报告. 考古学报，1963（2）：1-58.

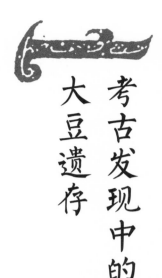

1973 年，湖南长沙马王堆汉墓出土了距今 2100 多年的随葬盒装已炭化大豆颗粒，百粒重 4 克，其中一盒上有“黄卷”字样。1980 年，吉林省永吉县大海猛遗址发掘出距今 2590 ± 70 年东周时期的炭化大豆遗存，经碳 14 实验测定，该品种属于目前东北栽培的抹食豆类型，为栽培型小粒大豆或半野生大豆即半栽培大豆。

伴随着早期传统考古技术的运用和考古工作的进行，先后有东北、华北、华中等多地的大豆遗存被发掘，显示出大豆已成为当时农业生产的一部分。而作为随葬品或者遗物在墓葬中存在，也表明大豆在当时的生产生活和农作物系统中占有了一定地位。

大豆万石陶仓

| 中国国家博物馆藏 |

金谷园出土的西汉时期粮食模型陶仓，腹外面用粉色隶体写着“大豆万石”字样。

随着现代浮选法等先进的植物考古技术方法在考古发掘工作中的广泛应用，越来越多春秋时期以前或年代更加久远的大豆考古遗存相继被发现，为大豆起源探寻工作提供了新的证据支撑。1992—1993 年，河南洛阳皂角树遗址出土了一批农作物样品，其中就有炭化大豆籽粒，经确定为龙山以后、殷商之前、距今 3900 ~ 3600 年的栽培种的大豆遗存。1995 年，陕西省考古研究所在西安北郊地区进行考古勘探的过程中发现了五座汉代墓葬，其中两座经清理发现有陶器、石玉器、铁器等大量随葬品，当中有一件陶罐上有朱书“大豆”二字，字体清晰且结构匀称。1998—2000 年，在黑龙江省友谊凤林古城遗址先后出土了 507 粒炭化大豆，经测定年代为距今 2000 年前后的汉魏时期。此次出土的大豆平均粒长 5.55 毫米、宽 3.83 毫米、厚 3.03 毫米，与现代栽培大豆的大小相当接近。2001 年，陕西省宝鸡市周原遗址通过浮选技术发现炭化大豆 159 粒，其中龙山文化时期的有 122 粒，先周时期的有 37 粒。2006 年，山东省济南市东郊的唐冶遗址出土了周代时期的 12 粒炭化大豆，多为椭圆形且略鼓，种脐细长。2014 年，该遗址再次通过浮选获得 24 粒炭化大豆样品。

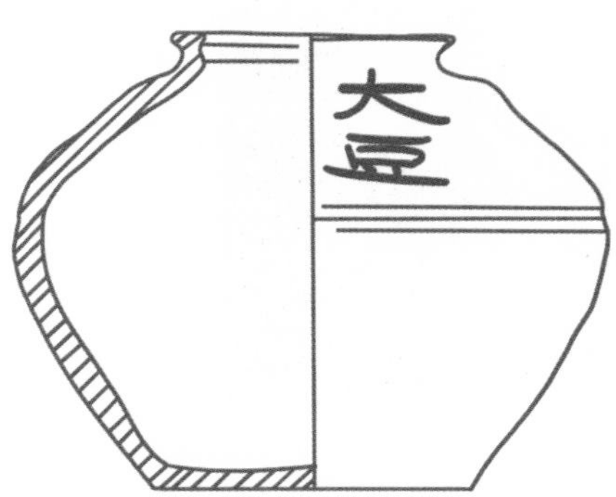

写有“大豆”的B型陶罐 · 出土于西安北郊汉墓

| 王宪明　绘 |

2007年，河南省禹州瓦店遗址出土龙山时期晚期炭化大豆573粒，其中有完整豆粒的157粒，经分析应属栽培品种的早期阶段。2007年，山东即墨北阡遗址出土一批农作物遗存，其中得到周代时期69粒炭化大豆，测量分析认为应是完全驯化品种，推测是栽培大豆的成熟阶段。2009年，内蒙古赤峰的夏家店下层文化聚落遗址，出土距今4000～3500年新石器时代向青铜时代过渡时期的135粒炭化大豆，豆粒呈长椭圆形，背圆鼓，腹微凹。2013年，考古工作者在河南贾湖遗址的第八次发掘中，通过浮选获得距今8500～8000年的共131个炭化野生大豆遗存。2012—2017年，福建南山遗址浮选得到距今5800～3500年新石器时代的炭化植物种子遗存共50000多粒，当中就包括一些炭化大豆种子。随着植物考古技术的持续发展和应用，不断有来自中国东北、西北、华北、华中、华南等地大豆的野生、半野生半栽培、栽培品种遗存出土，为我们从考古研究角度探讨大豆的起源和传播提供了十分有力的证据。

炭化大豆[1]
凤林古城遗址出土的炭化大豆属于栽培大豆类型，
从豆粒的尺寸上已接近现代栽培大豆粒的平均尺寸。

1 赵志军. 汉魏时期三江平原农业生产的考古证据——黑龙江友谊凤林古城遗址出土植物遗存及分析. 北方文物，2021（1）：68-81.

第三节 古籍文献中的大豆

中国不仅有着悠久的大豆种植和利用历史，也是世界上最早对大豆进行文字记载的国家。古代，大豆被称为菽，商代甲骨文中就已经出现了菽的最初字形。各类中国古代文献中有关菽的记载，更是为我们研究大豆提供了丰富的资料。

古代文献中大豆被称为“菽”或“尗”，菽可作为豆类的总称，也可专指大豆。《说文解字》中有：“尗，豆也。”“尗”字中间的是一横代表地面，而贯穿上下的一竖代表是豆株，地下的一撇一捺代表着根系，地面上的一短横代表的是豆荚，非常形象。

大豆传入其他国家以后，在当地使用的名称在读音上都与“菽”字相近，如大豆的英文为“soy”、德文为“soja”、法文为“soya”、俄文为“соя”等，这些词基本都是对“菽”字读音的转化，这也间接表明大豆在中国起源发展历史的悠久——中国是大豆的故乡。

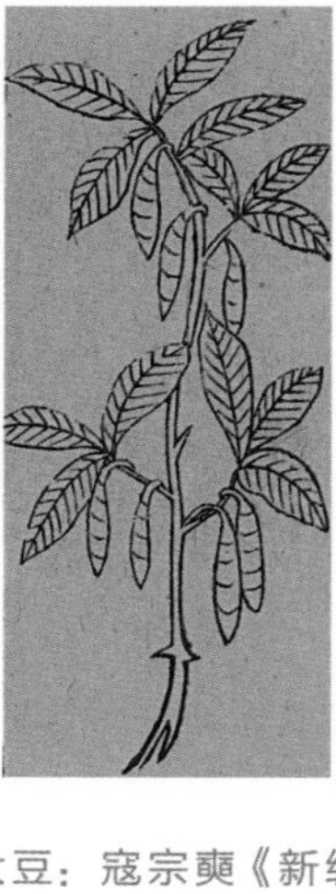

大豆：寇宗奭《新编类要图注本草》，宋末元初建安余彦国励贤堂刊本

据中国古代文献资料记载，菽早已被广为种植。

《史记·五帝本纪》记载：

黄帝者，少典之子，姓公孙，名曰轩辕。生而神灵，弱而能言，幼而徇齐，长而敦敏，成而聪明。轩辕之时，神农氏世衰。诸侯相侵伐，暴虐百姓，而神农氏弗能征。於是轩辕乃习用干戈，以征不享，诸侯咸来宾从。而蚩尤最为暴，莫能伐。炎帝欲侵陵诸侯，诸侯咸归轩辕。轩辕乃修德振兵，治五气，艺五种，抚万民，度四方，教熊罴貔貅貙虎，以与炎帝战于阪泉之野。三战，然后得其志。

上述记载中提及轩辕黄帝艺五种，即教百姓种植五种作物，但并未对“五种”是哪些作物做解释。东汉时期郑玄对此五种进行批注：“五种，黍稷菽麦稻也。”郑玄作为东汉末年的儒家领袖，以治学严谨和考据周密著称，其注释颇可信。说明在轩辕黄帝时期，中国古代先民就已经开始栽培大豆了。

另外，《周礼·夏官司马》中记载了豫州、并州“其古宜五种”，是说山西、河南、山东等地适宜种植大豆。《左传·成公十八年》中记载：“周子有兄而无慧，不能辨菽麦，故不可立。”意思是，周子的哥哥因为不能辨识大豆和麦子，而被视为缺乏智慧，因此不可以被立为国君。可见在春秋时期大豆已经被人们普遍认识和食用了，甚至成为区分贤明和愚钝的标志。

春秋之前关于大豆记载最多的典籍当属《诗经》，其中曾多次出现“菽”。《诗经·大雅·生民》是周人赞颂始祖后稷在农业生产中所做事迹的诗歌，当中有：“诞实匍匐，克岐克嶷，以就口食。蓺之荏菽，荏菽旆旆。禾役穟穟，麻麦幪幪，瓜瓞唪唪。”

《诗经·毛传》对此注解为：“荏菽，戎菽也。”这里所说的“荏菽”就是“戎菽”，《郑笺》则记载：“艺，树也，戎菽，大豆也。”因此，“艺之荏菽”可以被理解为人工栽培种植的大豆。有学者据此认为，4000多年前的关中地区已有栽培大豆，且大豆生长茂盛。又因“荏”字代表柔弱纤细之意，有人判断当时大豆被人工驯化不久，在形态上更接近于纤细的野生大豆。

《诗经·小雅·小宛》是一首忧伤的抒情诗，作者是西周王朝的一个小官吏，父母离世后，原先还算优越的生活发生了变化，他在贫困交加、力不从心之际作诗怀念父母、劝诫弟兄，当中一句提道：“中原有菽，庶民采之。螟蛉有子，蜾蠃负之。教诲尔子，式穀似之。”其中“中原有菽，庶民采之”可以理解为田野间满是茂盛生长着的大豆，众人可以合力一起去采摘。

另一首《诗经·小雅·采菽》则是展现了周天子会见各诸侯，并向众人赏赐、祝福的盛大画面，开头第一句：“采菽采菽，筐之筥之。君子来朝，何锡予之？虽无予之？路车乘马。又何予之？玄衮及黼。”诗歌开篇以符合劳动人民口吻的质朴诗句“赶紧采大豆吧采大豆，用筐盛来用筥盛”烘托出周天子会见诸侯时隆重、热烈的场面。

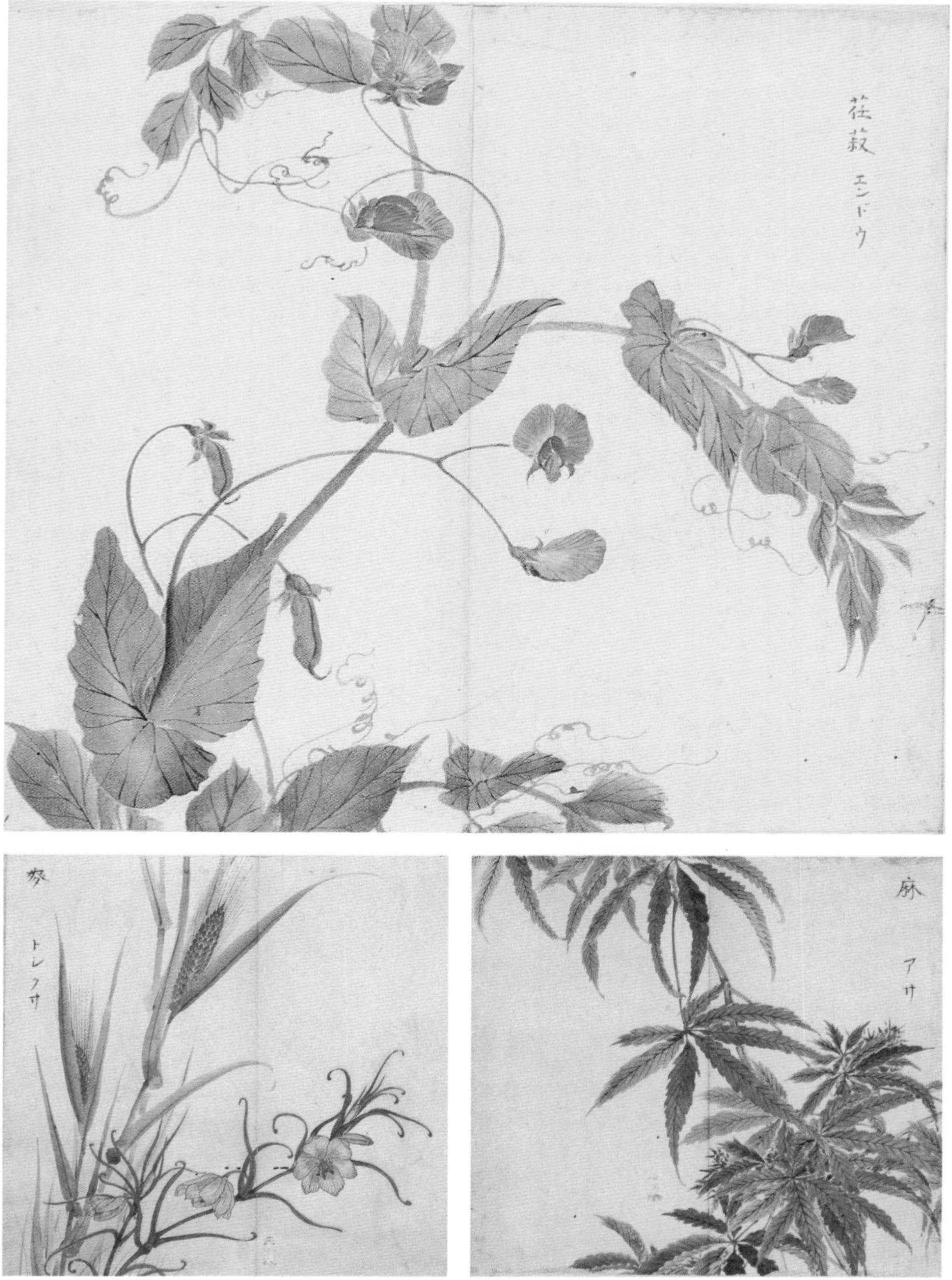

《诗经》中的菽、麦和麻：《诗经名物图解》，日本江户时代细井徇撰绘，1847 年

《诗经》收集了从西周初年到春秋中期的大量诗歌，其中生动丰富的描述充分展现了当时社会生活的方方面面。

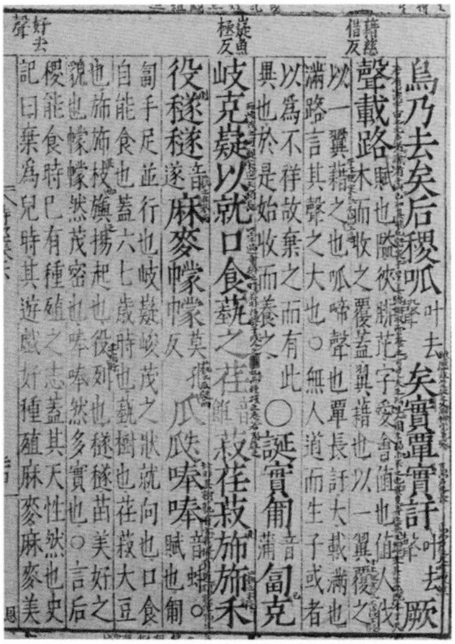

《诗经·大雅·生民》书影：朱熹《诗经集传》，明万历无锡吴氏翻刊吉澄本

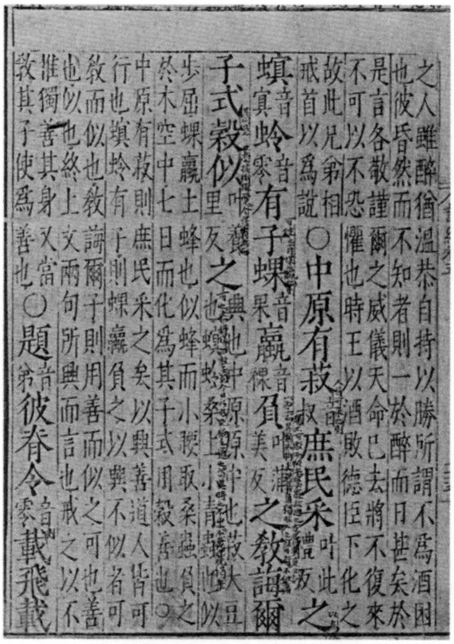

《诗经·小雅·小宛》书影：朱熹《诗经集传》，明万历无锡吴氏翻刊吉澄本

《诗经·小雅·小明》中，一位官吏常年在外因公务缠身而不得归乡。他心情复杂地借“菽”抒情：“昔我往矣，日月方奥。曷云其还？政事愈蹙。岁聿云莫，采萧获菽。心之忧矣，自诒伊戚。念彼共人，兴言出宿。岂不怀归？畏此反覆。”当中“岁聿云莫，采萧获菽”意思为眼看着年末就要到来，大家都正忙着采蒿收豆呢。

可见，《诗经·小宛》《诗经·采菽》中都有关于“采菽”的诗句出现，而《诗经·小明》中与菽相关的表述是“获菽”，据部分学者考证认为“采菽”和“获菽”分别对应了两种不同的农业活动方式。“采菽”应指采集野生或半野生的大豆果实，“获菽”指的则是收获栽培大豆。因此，也有观点认为，西周时代的先民既采集野生大豆又栽培人工驯化大豆，处于从野生大豆驯化为栽培大豆的初期阶段。

第四节 神话传说里的大豆

通过与大豆相关的自然资源、考古遗存、文献古籍等多种证据，对于栽培大豆最早起源于中国的观点，国内外学者普遍达成一致。在远古时期的神话传说中也有着大豆的身影，这为我们探寻大豆的由来增添了依据。

神话传说是彰显一个国家和民族精神的珍贵文化遗产，具有重要的文学价值、历史价值和美学价值，也为早期人类社会的生活、风俗等研究提供了重要的参考资料。远古神话传说中就已有关于大豆的描述。传说尧舜时代的农官后稷（一说为官职名），幼时就对农业感兴趣，经常在田间搜集并尝试种植各类种子，还收获了较好的果实。但是远古时期粮种作物少，人们常以打猎和采集野果为生。后稷决心寻找粮种，并在女娲的支持下成功收获了黍、稷、稻、菽、麻，即“五谷”，这里的“菽”指的就是大豆了，后稷又将种植耕作的方法和经验传授给百姓，因此有“后稷种五谷”之说。《诗经・大雅・生民》中“艺之荏菽，荏菽旆旆”是关于后稷种植大豆的诗句。后稷由于在农业方面的重要贡献，被后人尊称为“农神”或“农耕始祖”。

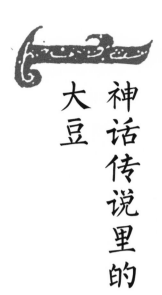

在舜的时代还有著名的舜种豆的故事。神话之中，舜自幼丧母，父亲瞽叟也是因为眼疾而脾气非常暴躁。瞽叟的继室名为仇，颇为不贤。她在生了儿子象之后，由于嫉妒舜比象英俊多才，而对舜十分苛刻，平时常常处心积虑地谋害舜。一天，她把舜和象叫到了自己的跟前，分别给了每人一包装满豆子的袋子，并对他们说："等春天来到的时候，你们俩就去把这些豆子种下。等到秋天时，我要看看谁收获的豆子更多，如果到时候谁收获不到豆子，那么就不用再回家了。"听完，两兄弟就按照他们母亲的要求，离开家到附近的地里去种豆。在路上，有一股诱人的香味不时地从舜的豆袋里飘出来，象好奇地走上前并夺过舜的那袋豆子，他忍不住打开尝了尝，意外地发现原来舜拿的是一袋炒熟的豆子，吃了几粒后发觉这豆子真是又香又脆呀。

黍和稷：文俶《金石昆虫草木状》，明万历时期彩绘本

于是，他干脆直接把自己的那一袋豆子扔给了舜，然后拎起舜的那个熟豆袋，头也不回地跑开享受去了。其实，舜在出发前拎起他的那袋豆子时就什么都明白了，现在看着弟弟象因为嘴馋，还竟然和自己换了豆袋，心里暗暗庆幸。于是他连忙跑到自家的地里，开始松土整地，并把一颗颗饱满的豆子埋在了土地里。一场春雨过后，舜种下的豆子一颗颗破土而出，墨绿的豆苗，茎儿粗，叶儿肥，它们一天一天地茁壮成长，舜看在眼里也喜在心头。秋天到了，舜种下的豆子终于到了收获的季节，他着手收割豆株，一担又一担地挑回家，晒干敲豆后竟然一共收了三石三斗。而弟弟象那边却是荒地一片，颗粒无收，最后，舜也用他的勤劳和智慧证明了自己。

与舜相关的豆传说故事还有一例，北京大学陈泳超教授在山西省洪洞县（舜传说的核心地区）进行田野调查和走访时发现，当地有舜帝二妃“争大小”的传说。尧帝的两个女儿娥皇和女英，在嫁给舜之后，一开始并没有和睦相处，关于二人地位的高低还有过一番争夺。尧或是舜为了有个公平的结果，就设计了三个竞赛环节来让二人比拼，其中一个环节就是煮豆子。关于最后的比拼结果在不同的神话版本中有着区别，但无论结果如何，由这类神话传说可见，尧舜时代的先民已经开始尝试种植、食用豆类作物了。再结合考古发现和文献记载，当多重证据相吻合时，神话传说也就具有了可信度。

“五谷”作物[1]

1 吴其濬．植物名实图考．北京：商务印书馆，1957.

第二章

菽粟并重

大豆成为主食

大豆在中国有着悠久的历史，勤劳朴实的古代先民运用自己的聪明智慧和辛勤劳作，在不断地观察、实践和总结后，将原野中满地生长的野生大豆带回自己的家园田地里进行栽培种植。至迟到春秋时期以前，大豆已基本实现了逐渐由野生采集到人工驯化的转变，栽培大豆的品种类型也逐渐趋于成熟。大豆不再只是田间地头的野生杂草，而是开始成为北方地区田地里的常见作物，每年收获后的大豆粒也被人们利用了起来。

第一节 从黍稷为主到菽粟并重

中华民族是长期以农耕种植为主要生产作业的民族，从最初的采集渔猎为生到逐步依靠种植大田作物来满足日常生活的食物需求。早期的主要粮食作物经历了从黍稷为主到菽粟并重的转变过程，大豆也在这其中一跃成为人们的主食。

在大豆被更多人作为主粮之前，中原地区的大田粮食作物以黍和稷占最主要地位，这在古代文献记载中有所体现。《诗经》里曾多次出现关于黍和稷的记载。

《诗经·豳风·七月》《诗经·小雅·甫田》中有这样的诗句：

九月筑场圃，十月纳禾稼。黍稷重穋，禾麻菽麦。嗟我农夫，我稼既同，上入执宫功。昼尔于茅，宵尔索绹。亟其乘屋，其始播百谷。

倬彼甫田，岁取十千。我取其陈，食我农人。自古有年，今适南亩。或耘或耔，黍稷薿薿。攸介攸止，烝我髦士……曾孙之稼，如茨如梁。曾孙之庾，如坻如京。乃求千斯仓，乃求万斯箱。黍稷稻粱，农夫之庆。报以介福，万寿无疆。

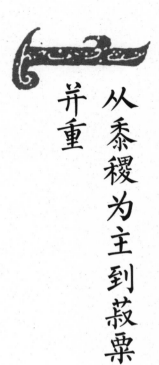

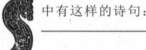

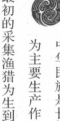

诗中描绘了周代先民的生活劳作景象和大田作物种植情况。诗中提到黍稷生长茂盛、年年丰收，而普天下的百姓都能幸福地生活，可见黍和稷在粮食中的重要地位。

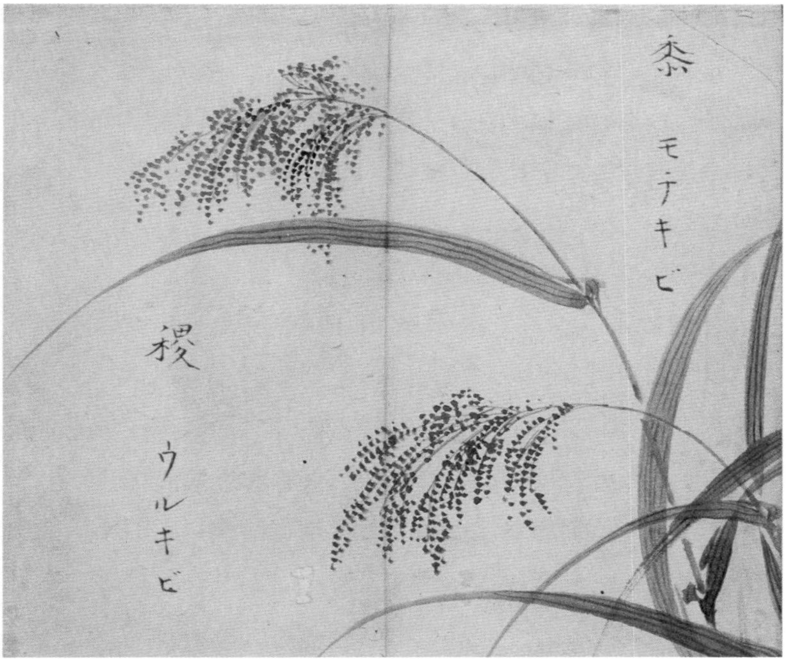

《诗经》中的黍和稷：《诗经名物图解》，日本江户时代细井徇撰绘，1847 年

据史料记载，直到春秋时期，黍和稷仍是百姓日常生活中最重要的粮食作物。当时人们的生产和生活水平相对较低，农业生产对自然条件的依赖性很大，五谷之中种植更多的还是抗旱耐贫性强、生产周期短的黍和稷类作物。

春秋之后，黍稷为主的现象开始发生变化，特别是从战国至秦汉，虽然主粮种类变化不大，但彼此的地位大有不同。“五谷”之一的大豆一度被大规模种植，跃身成为食物系统中非常重要的主粮品种，粟的地位也快速上升，菽粟并列成为主要粮食作物。战国时期是形成精耕细作农业传统的奠基时期，农业生产技术有了长足发展，农业生产在一定程度上开始摆脱对自然条件的极度依赖，黍、稷以外作物的种植比例也在提高。大豆的种植曾经达到作物种植比例的40%，这也足以彰显大豆在当时的重要地位。

粟[1]

战国以后，大豆在食物系统中的主粮地位快速提高。管仲《管子·重令》中有载：“菽粟不足，末生不禁，民必有饥饿之色，而工以雕文刻镂相稚也，谓之逆。”其中，“菽”与“粟”指百姓日常食用的粮食。粮食不足的情况下，一些奢侈生产还不禁止，会造成重视奢靡享乐而忽视基础粮食生产的局面，使百姓落入挨饿的境地。百姓饮食供给不足，工匠却以雕木镂金相夸耀，这就是“逆”了。管仲从侧面反映了当时社会菽和粟是保证百姓免于饥饿的基本食物。

《墨子·尚贤中》中也有关于菽和粟的记载：“贤者之治邑也，蚤出莫入，耕稼树艺、聚菽粟，是以菽粟多而民足乎食。”墨家重视民众生存，宣扬兼爱非攻，将重视农业种植活动作为贤人治理地方的标准。他们认为，贤明的人治理城市，以身作则、早出晚归、勤于农事，耕作就是为了收获储藏更多的菽和粟，以保障百姓拥有充足的粮食。

1 吴其浚. 植物名实图考. 北京：商务印书馆，1957.

荀子序
昔周公稽首三五之道損益夏殷之典制禮
作樂以仁義理天下其德化刑政存乎詩至
于幽厲失道始變風變雅作矣平王東遷諸
侯力政逮五霸之後則王道不絕如綫故仲
尼定禮樂作春秋然後三代遺風弛而復張
而無時無位功烈不得被于天下但門人傳
述而已陵夷至于戰國於是申商苛虐孫吳

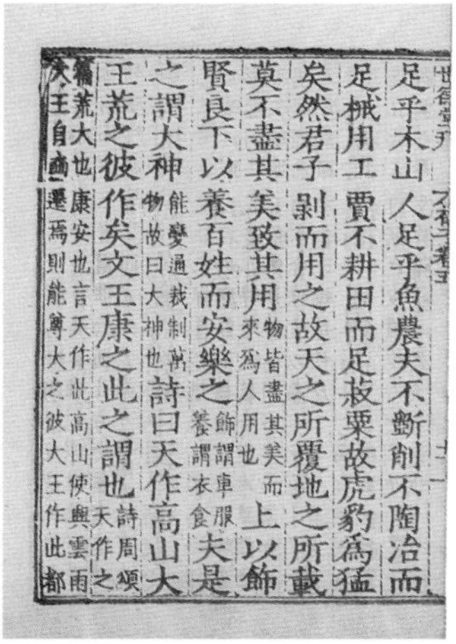

足乎木山人足乎魚農夫不斲削不陶冶而
足械用工賈不耕田而足菽粟故虎豹為猛
矣然君子剝而用之故天之所覆地之所載
莫不盡其美致其用物皆盡其美而來為人用也上以飾
賢良下以養百姓而安樂之飾謂車服養謂衣食夫是
之謂大神能變通裁制萬物故曰大神也詩曰天作高山大
王荒之彼作矣文王康之此之謂也詩周頌天作之
篇荒大也康安也言天作此高山使興雲雨大王自彼遷焉則能尊大之彼大王作此都

《荀子·王制》书影：《荀子》，唐代杨倞注，明嘉靖时期顾氏世德堂刊本

《孟子·尽心章句上》中："圣人治天下，使有菽粟如水火。菽粟如水火，而民焉有不仁者乎？"孟子认为仁治是最理想的社会状态，从发展生产和节约减赋两个层面可以实现仁治社会。百姓的生活离不开水和火，而圣人治理天下，就是要让百姓的口粮充裕得像水和火一样，当日常的主粮菽和粟都能得到满足，自然就达到了仁治的境界。由此可见，菽和粟在当时社会的重要地位。

《荀子·王制》中载："故泽人足乎木，山人足乎鱼，农夫不斫削、不陶冶而足械用，工贾不耕田而足菽粟。"作为战国后期儒家学派重要的思想著作《荀子》，其关于工匠、商人、农夫的论述表现出当时社会商品交换已经有所发展，也体现了菽在农业生产中的粮食价值。

综合以上，从战国哲学家、思想家的著作中都可发现，这一时期菽和粟已经成为北方地区居民的主要粮食作物，并在食物系统中占有重要地位，大豆作为普通百姓的主粮在农业生产中得到了重视。春秋以前"黍稷为主"的粮食构成转变为这时的"菽粟并重"了，在讨论治国治家与百姓民生的相关问题时，想要维护国家的安定、推进社会的发展、满足人民的日常生活所需，都提到得有充足的菽（和粟）来作为重要的前提保障，不然就会有国家危亡、社会不稳、人民贫困的隐患。

秦汉以后，大豆仍是重要的粮食作物。秦二世曾下令“下调郡县转输菽粟刍藁”，以满足兵丁的口粮。大豆一度成为秦代军粮中的主要部分，被广泛食用。西汉《淮南子·主术训》中载：“肥醲甘脆，非不美也，然民有糟糠菽粟不接于口者，则明主弗甘也。”是说如果普通百姓连日常的大豆、小米这类主粮都吃不饱，君主口中的美酒佳肴，也会寡淡无味。

班固《汉书·昭帝纪第七》载：“夫谷贱伤农，今三辅、太常谷减贱，其令以菽粟当今年赋。”意思是西汉昭帝时期曾用大豆和小米替代小麦充当田赋。“菽粟当赋”说明秦汉时期大豆的种植面积较广，具有一定产量。但此时大豆在食物系统中的主粮地位却有所下降，排到了粟和麦之后，有古籍内容显示大豆主要用作荒年救灾或作穷人的主粮，这一时期也开始出现大豆副食品。

《淮南子·齐俗训》载：“贫人则夏被褐带索，含菽饮水以充肠，以支暑热，冬则羊裘解札，短褐不掩形，而炀灶口。”对比鲜明地展示了富人和穷人衣着、物品、生活迥异。富人穿着鲜艳的绫罗绸缎，骑着高头大马，车马都用锦绣来装饰；而穷人夏天穿着粗布短衣，“含菽饮水以充肠”，方可熬过酷暑。

东汉《越绝书·越绝计倪内经》也曾详细记载黍、赤豆、麦、稻、大豆、水果各类作物的流通交换方法：“甲货之户曰粢……丙货之户曰赤豆……丁货之户曰稻粟……戊货之户曰麦……己货之户问大豆，为下物，石二十。”其中大豆在南方吴越地区的售价比稻、麦等低，非贵重之物。

粟：刘文泰《本草品汇精要》，王世昌等绘，明弘治十八年彩绘写本

第二节 栽培品种和种植方式

春秋末年到战国时期，随着种植范围的扩大和收获产量的提高，大豆成为黄河流域地区的重要农作物，是百姓餐桌上的主要粮食。随着大豆地位的不断提升，人们对大豆的品种类型和栽培特性也有了进一步的认识。

早在先秦时期，中国古代先民对大豆的品种特性已经有了初步的认识。《诗经·鲁颂·閟宫》第一章追叙周代先祖姜嫄和后稷，有诗句："……弥月不迟，是生后稷。降之百福。黍稷重穋，稙稚菽麦。奄有下国，俾民稼穑。有稷有黍，有稻有秬。奄有下土，缵禹之绪。"

《毛传》说"先种曰稙，后种曰稚"，后稷能够辨识黍子和谷子哪个先成熟，菽和麦下地播种有先有后是选育出的不同作物品种成熟期不同的生物特性反映。稙、稚指播种的早晚，重穋指成熟的先后，可见周代先民已经形成并掌握了一些不同播种期和作物成熟期的农业耕作概念。

麦：文俶《金石昆虫草木状》，明万历时期彩绘本

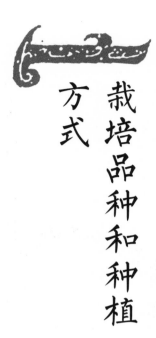

在中国最早的一篇有关土地分类植物生态学著作《管子·地员》中就有："五殖之次，曰五觳。五觳之状娄娄然，不忍水旱。其种，大菽、细菽，多白实。蓄殖果木，不如三土以十分之六。"是说在"五种觳土"的这类土壤上适宜种植的豆类多为白色的"大菽"和"细菽"，后来夏纬瑛先生的《管子地员篇校释》中写道："菽是现在的大豆，又分大菽，细菽二品。"

因此，从先秦时期的历史文献记载看到，古代先民在把大豆从野生驯化为栽培品种的实践过程中，逐步认识并选育出了不同的大豆品种，虽然春秋到战国时期还没有足够具体的关于不同大豆品种分类和种植技术的讨论，但是从有关大豆成熟时期、大豆形态的文字描述上看，已经有了大豆成熟期早晚、大豆的大粒和小粒品种的区别等。

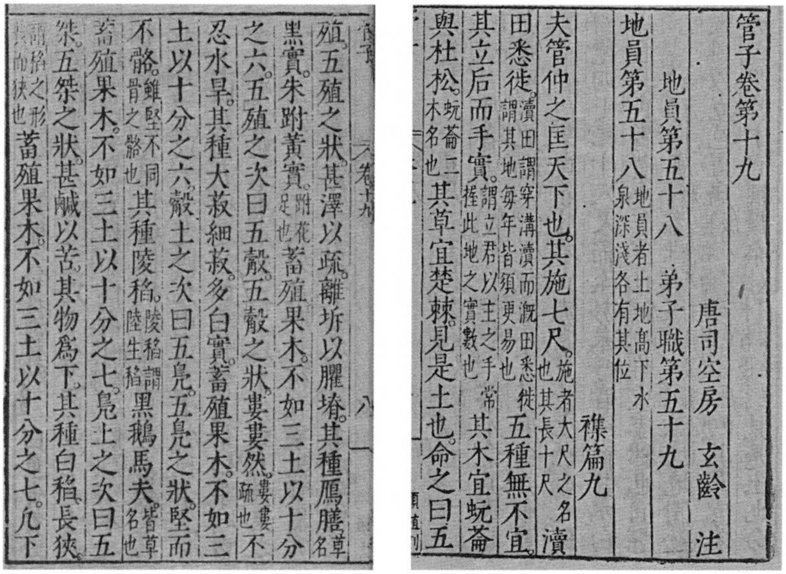
管子卷第十九
唐司空房　玄齡　注
地員第五十八　弟子職第五十九
地員第五十八 地員者土地高下水泉深淺各有其位
襍篇九
夫管仲之匡天下也其施七尺 施者大尺之名其長十尺 瀆田悉徙 瀆田謂穿溝瀆而溉田悉徙 五種無不宜
其立后而手實 謂立君以主之手常握此地之實數也 其木宜蚖菕與杜松 蚖菕二木名也 其草宜楚棘見是土也命之曰五
殖五殖之狀甚澤以疏離坼以臞塉其種鴈膳 草名 黑實朱跗黃實 跗花足也 蓄殖果木不如三土以十分之六五殖之次曰五觳五觳之狀婁婁然 婁婁疏也 不忍水旱其種大菽細菽多白實蓄殖果木不如三土以十分之六觳土之次曰五臭五臭之狀堅而不骼 雖堅不同骨之骼也 其種陵稻 陵稻謂陸生稻 黑鵝馬夫 皆草名也 蓄殖果木不如三土以十分之七臭土之次曰五桀五桀之狀甚鹹以苦其物爲下其種白稻長狹 謂稻之形長而狹也 蓄殖果木不如三土以十分之七凡下

菽：《管子》，房玄龄注，刘绩增注，明万历十年赵用贤刊本

战国以后，大豆从普通作物变为主粮，同时，人们在大豆品种选育方面积累了一定成果，在大豆种植特性方面也有了深刻的认识。在土地耕作方法上，黄河流域地区从西周到春期战国至秦汉时期主要采用垄作法、平作法、局耕法等土地耕作法，因此这一时期种植大豆所使用的工具和栽培技术也与之相适应。在大豆播种时间上，对播种期选择已经具备一定经验。

《吕氏春秋·审时》中载有："得时之菽，长茎而短足，其荚二七以为族，多枝数节，竞叶蕃实。大菽则圆，小菽则抟以芳，称之重，食之息以香，如此者不虫。先时者，必长以蔓，浮叶疏节，小荚不实。后时者，短茎疏节，本虚不实。"这里强调种植大豆必须选择合适的时间，如果播种期运用得当，大豆的植株、叶子、豆荚都会生长得较好，种出的大粒品种豆籽饱满，小粒品种圆鼓实在，称起来分量重，吃起来味道香，且不易生虫。反之，如果种早了则茎节稀疏，豆荚小又不长粒，种晚了则分枝短，茎节稀，营养基础不牢又不长粒。

《神农书·八谷生长》中对大豆的生长时期有所讨论："大豆生于槐，出于沮石之山谷中。九十日华，六十日熟，凡一百五十日成。"说明古人对大豆的生长周期已有一定认识，指出大豆从出苗到开花要九十天，从开花到成熟要六十天，整个生长期一共一百五十天。

西汉农学家氾胜之曾在陕西关中地区进行农事生产指导工作，后著《氾胜之书》总结当时黄河流域地区作物栽培技术和耕作制度等农业生产经验，当中有"大豆"篇，专门记述与大豆相关的内容。

氾胜之从播种、施肥、收获等多个方面对大豆栽培技术进行总结，对播种时期、播种数量、播种密度等进行详细记述。如三月榆树结荚时赶上下雨，则适合在高田种大豆，而夏至过后二十日仍然可以种大豆。要根据种子下地前整地的质量决定大豆种子的播种量，整地质量不好的需要增加播种的数量。此外，在区种大豆的同时主张施“美粪”肥一升，且有具体的操作方法，秋收可获得每亩[1]十六石[2]大豆的显著增产效果。收获大豆需要掌握好时间，应当根据豆荚、豆茎颜色的变化适时判断，避免收获过晚大豆粒脱落而造成的损失，从而保证大豆产量。

《氾胜之书》中记载的大豆:

大豆保岁易为，宜古之所以备凶年也。谨计家口数，种大豆，率人五亩，此田之本也。

三月榆荚时有雨，高田可种大豆。土和无块，亩五升；土不和，则益之。种大豆，夏至后二十日尚可种。戴甲而生，不用深耕。种之上，土才令蔽豆耳。厚则折项，不能上达，屈于土中则死。

大豆须均而稀。

豆花憎见日，见日则黄烂而根焦也。

获豆之法，荚黑而茎苍，辄收无疑；其实将落，反失之。故曰，豆熟于场。于场获豆，即青荚在上，黑荚在下。

区种大豆法：坎方深各六寸，相去二尺，一亩得千二百八十坎。其坎成，取美粪一升，合坎中土搅和，以内坎中。临种沃之，坎三升水。坎内豆三粒；覆上土。勿厚，以掌抑之，令种与土相亲。一亩用种二升，用粪十二石八斗。豆生五六叶，锄之。旱者溉之，坎三升水。丁夫一人，可治五亩。至秋收，一亩中十六石。

1 1亩=666.7平方米。

2 1石=60千克。“石”是古代重量单位，今读dàn，在古书中读shí。古时1石约等于1担（即10斗）。

第三节 作为主粮食用

大豆自身富含优质植物蛋白和多种营养物质，自古以来就为中华先民的生存和健康发挥着重要作用。在今天，有各种各样的大豆利用方式，这也不禁让人好奇起来，在大豆作为主食的那个时代，古代先民究竟如何食用大豆？又有哪些原因促成了大豆成为当时人们的主食？

《诗经·豳风·七月》中载："七月烹葵及菽。"早期大豆的叶和嫩荚可同葵一样作蔬菜烹食。到战国时期，大豆成为主食，食用方法相对简单，基本就是"豆饭藿羹""啜菽饮水"。如《战国策·韩卷第八》中有："韩地险恶，山居，五谷所生，非麦而豆；民之所食，大抵豆饭藿羹；一岁不收，民不厌糟糠；地方不满九百里，无二岁之所食。""豆饭藿羹"即用豆子做的饭和以大豆嫩叶做的汤。《荀子·天论》中有："君子啜菽饮水，非愚也，是节然也。"《礼记·檀弓下》又有："孔子曰，啜菽，饮水，尽其欢，斯之谓孝。"这里"啜菽"指的就是喝豆粥或喝豆羹，可见，古时大豆作为主食的加工方式并不复杂。

除了作主食，大豆也开始用于制作豆制品。豆酱的前身醢和醯、酱油的前身酱清、豆豉的前身大苦、豆芽的前身黄卷、豆浆的前身饵等都已经开始出现。当然，这一时期的大豆副食品多是雏形。

大豆黄卷：文俶《金石昆虫草木状》，明万历时期彩绘本

战国到秦汉时期大豆担当主食与当时的社会文化状况相契合。首先，大豆是短光照性、喜好温暖且对土壤条件要求不太高的作物，只要不是特别寒冷或炎热且土质很差的地区，都可种植大豆，适种性广泛为其能成为主粮作物提供了保障。黄河流域地区的温度、土壤等条件适合大豆生长，古代先民的劳作又为大豆的农业生产提供了劳动力保障，大豆有了成为人口密集区广大民众主食的可能。

其次，大豆有短光性、裂荚性、固氮性等特性，经过古代先民的长期劳动实践，他们掌握了一整套成熟的栽培技术，能保障其稳定高产，也是大豆能成为主食的重要原因。

再次，战国时期铁质工具的使用和牛耕的推广，使土地耕作效率提高，连种后的土地需要有足够的肥力适应来年的种植。人们通过不断实践发现，大豆作物参与禾谷类轮作，收获的豆子不仅可以作为主粮，且广泛种植大豆还可以实现耕地用养的有效结合，很好地解决了土壤肥力保持的问题。因而，大豆种植快速发展。此外，在当时的农业生产条件下，大豆相比其他作物较为高产，由于其耐贫耐寒耐旱，即使在灾荒之年产量也能保持稳定。在古代，大豆这一旱涝保收的特性着实可贵。所以，统治阶级规定每家每户至少要种植定量的大豆，作救荒作物之用。

在加工技术上，战国至秦汉时期，大豆的加工方式较为简单，主要是火烹、石烹、陶烹和青铜烹，烹饪手法则以烤、煮、蒸为主。受到当时烹饪加工技术水平的限制，人们主要是用水煮熟豆子食用。水煮可以去除豆腥味，增强适口性。同时，还会食用不加工或稍做加工的豆粒、豆叶等，虽也出现过“羞笾之实，糗饵粉”这种将豆子磨成豆粉食用的情况，但对平民百姓而言，豆饭、豆羹等才是日常食物。另外，在营养价值上，古人的主粮黍和稷的淀粉含量较高，而大豆含有丰富的植物蛋白，可以满足先民对不同营养物质的需求。大豆也成为古代中国平民最容易获取的蛋白质食物来源，受到普通民众的接纳。

汉代时期的陶灶

丨王宪明　绘，原件藏于中国国家博物馆丨

西汉中期以后的墓葬中常常出现陶灶，反映出了汉代民众对灶文化的重视。图中所示为汉代船型陶灶，在灶台上有三眼，分列釜形炊具，灶侧附有汤缶，灶门口还堆塑了猫、狗等动物。

第三章

推陈出新

从主食转为副食

清晨时一杯浓郁醇厚的豆浆，餐桌上一盘清爽美味的豆腐，闲暇时一片鲜香解馋的豆皮，健身后一勺营养健康的蛋白粉……大豆及其品种多样的大豆制品已经融入中国人日常饮食的诸多方面，成为不可或缺的一部分。大豆从豆饭藿羹的主食到品类丰富的大豆副食品，其转变主要从汉代以后开始。

第一节 汉代以后的栽培和种植

从三国两晋南北朝至宋元时期，中国农业科学技术在实践中不断成熟，分别形成了以『耕耙耱』为中心的北方旱地耕作技术体系和以『耕耙耖耘耥』为中心的南方水田耕作技术体系，中国以种植业为主的农业结构和精耕细作的农业生产方式不断完善。大豆的栽培种植和生产利用也进一步发展。

南北朝时期，北魏农学家贾思勰系统总结了6世纪以前黄河流域地区的农业生产技术，著成了《齐民要术》，这也是中国现存最早、最完整的古代农学巨著。《齐民要术》全书共十卷，九十二篇，约十几万字，记载内容广泛，包括植物栽培、动物饲养、食品加工与储藏、南方植物资源等，被誉为“中国古代农业的百科全书”。《齐民要术》第二卷中专著“大豆”篇，对大豆的下地时间、播种方式、田间处理、收获方法等内容均有详细记载。因此，《齐民要术》是我们研究中国古代农业科技和大豆栽培技术的重要文献。

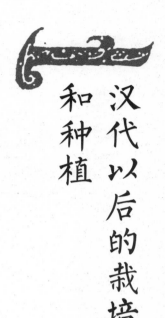

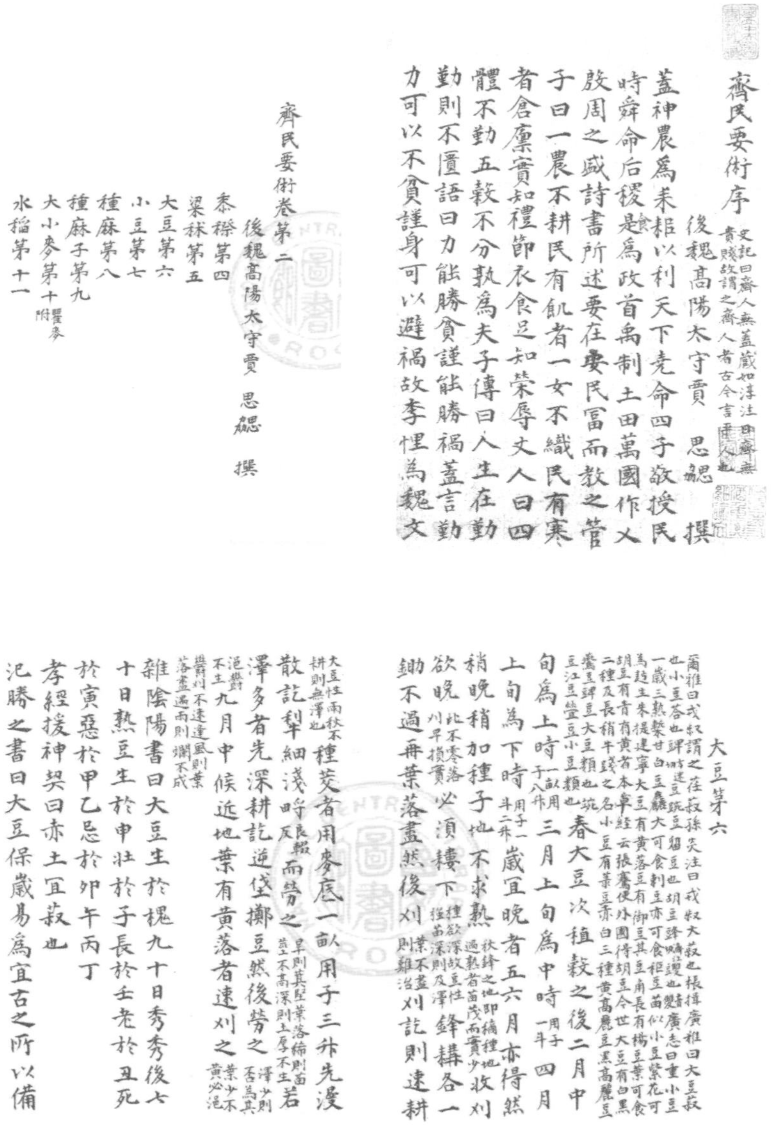
齊民要術序

後魏高陽太守賈思勰撰

史記曰齊人無蓋藏如淳注曰齊無貴賤故謂之齊人者古今言平人也

蓋神農為耒耜以利天下堯命四子敬授民時舜命后稷食為政首禹制土田萬國作乂殷周之盛詩書所述要在安民富而教之管子曰一農不耕民有飢者一女不織民有寒者倉廩實知禮節衣食足知榮辱丈人曰四體不勤五穀不分孰為夫子傳曰人生在勤勤則不匱語曰力能勝貧謹能勝禍蓋言勤力可以不貧謹身可以避禍故李悝為魏文

齊民要術卷第二

後魏高陽太守賈思勰撰

黍穄第四
粱秫第五
大豆第六
小豆第七
種麻第八
種麻子第九
大小麥第十 瞿麥附
水稻第十一

大豆第六

爾雅曰戎叔謂之荏菽孫炎注曰戎叔大菽也張揖廣雅曰大豆菽也小豆荅也豍豆豌豆留豆也胡豆跭䗐也廣志曰重小豆一歲三熟𥽉甘白豆麤大可食刺豆亦可食秬豆苗似小豆紫花可為麵生朱提建寧大豆有黃落豆有御豆其豆角長有楊豆葉可食胡豆有青有黃者本草經云張騫使外國得胡豆今世大豆有白黑二種及長梢牛踐之名小豆有菉豆赤白三種黃高麗豆黑高麗豆鷰豆豍豆大豆類也豌豆江豆䝙豆小豆類也

春大豆次稙穀之後二月中旬為上時一畝用子八升三月上旬為中時用子一斗四月上旬為下時用子一斗二升歲宜晚者五六月亦得然稍晚稍加種子地不求熟秋鋒之地即稿種地過熟者苗茂而實少收刈欲晚此不零落刈早損實必須耬下種欲深故豆性強苗深則及澤鋒耩各一鋤不過再葉落盡然後刈葉不盡則難治刈訖則速耕大豆性雨秋不耕則無澤也種茭者用麥底一畝用子三升先漫散訖犁細淺畤良輟反而勞之旱則萁堅葉落稀則苗莖不高深則土厚不生若澤多者先深耕訖逆垡擲豆然後勞之澤少則否為其浥鬱不生九月中候近地葉有黃落者速刈之葉少不黃必浥鬱刈不速逢風則葉落盡遇雨則爛不成雜陰陽書曰大豆生於槐九十日秀秀後七十日熟豆生於申壯於子長於壬老於丑死於寅惡於甲乙忌於卯午丙丁孝經援神契曰赤土宜菽也氾勝之書曰大豆保歲易為宜古之所以備

《齐民要术》书影：贾思勰《齐民要术》，明钞本

在耕地技术方面，中国古代就有“秋耕愈深，春夏耕愈浅”的主张。秋季深耕使土壤容重减轻，孔隙度增大，通气性变好。土层翻转之后经高温暴晒，加速了土壤熟化，利于释放更多矿质养分；加深耕作层又增加了土壤蓄水保水容肥保肥能力，为作物根系生长发育创造了良好的环境；秋季耕地还有利于消灭杂草和病菌与害虫。《齐民要术·大豆》载：“大豆性炒，秋不耕则无泽也。”这是说大豆耗水量大，秋收后需要马上翻耕以保墒。此外，古人开始注重土壤的湿度，《齐民要术·耕田》中载：“凡耕高下田，不问春秋，必须燥湿得所为佳。若水旱不调，宁燥不湿。”对土壤湿度条件不稳定的地区，宁可选择干燥的土地也不选择潮湿的土地。《齐民要术·大豆》中载：“若泽多者，先深耕讫，逆垡掷豆，然后劳之。泽少则否，为其浥郁不生。”如果土地相对潮湿，需先深耕一遍，再撒豆种并耢平；如果土壤不湿，就不能这样做。

在轮作技术方面，轮作方式由简单粗糙到细致成熟，因而使土地利用集约、合理化，即在麦豆轮作基础上，发展出小麦—大豆—谷子轮作、黍—小麦—大豆轮作、大豆—黍或稷—谷轮作等模式。《齐民要术·黍穄》载，“凡黍穄田，新开荒为上，大豆底为次，谷底为下”，是说要种黍子、穄子的田最好是新开荒的土地，肥力最高，其次是种过大豆的土地，再次是种过谷的土地，大豆和谷可与黍轮作。《陈旉农书·耕耨之宜篇》载：“早田刈获才毕，随即耕治晒暴，加粪壅培，而种豆麦蔬茹，以熟土壤而肥沃之，以省来岁功役；且其收，又足以助岁计也。”在早稻收获后立刻整地种植大豆，不仅可以恢复稻田的肥力，产出的大豆还能用以维持生计，是一举多得的益事。

在种子处理技术方面，《齐民要术·收种》载：“凡五谷种子，浥郁则不生；生者，亦寻死。种杂者，禾则早晚不均；春复减而难熟；粜卖以杂糅见疵，炊爨失生熟之节，所以特宜存意，不可徒然。”意思是对五谷的种子必须精心拣选，受潮或是闷热的种子，要么种不出粮食，要么种出不久就死了。如果种子混杂不一、良莠不齐，种出的作物在收获、储藏、烹饪时也会耗费更多工夫。《农桑辑要·收九谷种》又载：“将种前二十许日，开，水洮，浮秕去，则无莠。即晒令燥，种之。”这描述的也是关于种子下地前筛选、处理的技术。

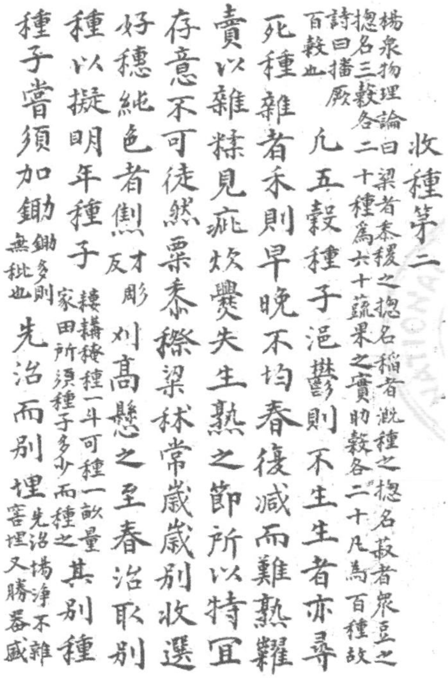
收種第二
楊泉物理論曰梁者黍稷之揔名稻者溉種之揔名菽者衆豆之揔名三穀各二十種為六十蔬果之實助穀各二十凡為百種故詩曰播厥百穀也
凡五穀種子浥鬱則不生生者亦尋死種雜者禾則早晚不均春復減而難熟糶賣以雜糅見疵炊爨失生熟之節所以特宜存意不可徒然粟黍穄梁秫常歲歲別收選好穗純色者劁才彫反刈高懸之至春治取別種以擬明年種子耬耩㯕種一斗可種一畝量家田所須種子多少而種之其別種種子常須加鋤鋤多則無秕也先治而別埋先治場淨不雜窖埋又勝器盛

大豆收种：贾思勰《齐民要术》，明钞本

在收获和加工技术上，《天工开物·粹精》载：“凡豆菽刈获，少者用枷，多而省力者仍铺场，烈日晒干，牛曳石赶而压落之。凡打豆枷，竹木竿为柄，其端锥圆眼，拴木一条长三尺许，铺豆于场，执柄而击之。凡豆击之后，用风扇扬去荚叶，筛以继之，嘉实洒然入禀矣。是故舂磨不及麻，碾不及菽也。”可见，大豆成熟后，需要经过收割、脱粒等步骤，才能获得饱满的豆粒入仓。

中国古代先民很早就已开始尝试选育不同生态类型的大豆品种，汉代以后的大豆品种也较之前更为丰富。晋代郭义恭撰写的《广志》载：“大豆：有黄落豆；有御豆，其豆角长；有杨豆，叶可食。”《齐民要术》载：“今世大豆，有白、黑二种，及长梢、牛践之名。小豆有菉、赤、白三种。黄高丽豆、黑高丽豆、燕豆、豍豆，大豆类也。豌豆、江豆、小豆类也。”可见，这一时期已经有了不同种皮颜色、不同地区特征、不同培育技术需求的大豆品种。

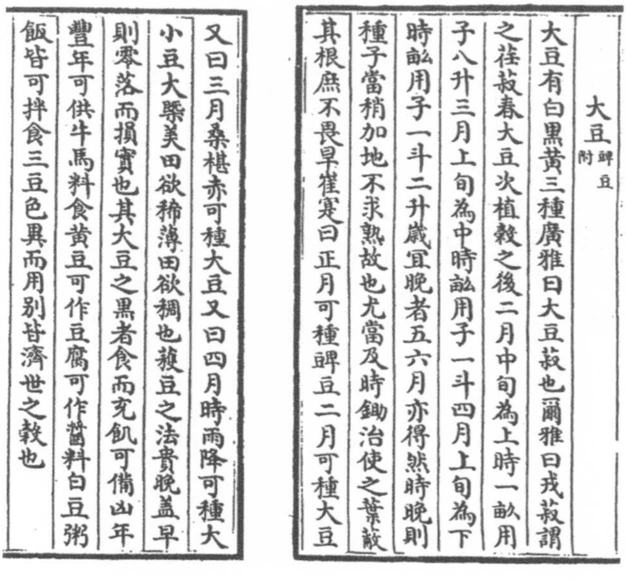
大豆 附豍豆
大豆有白黑黃三種廣雅曰大豆菽也爾雅曰戎菽謂之荏菽春大豆次植穀之後二月中旬為上時一畝用子八升三月上旬為中時畝用子一斗四月上旬為下時畝用子一斗二升歲宜晚者五六月亦得然時晚則種子當稍加地不求熟故也尤當及時鋤治使之葉蔽其根庶不畏旱崔寔曰正月可種豍豆二月可種大豆又曰三月桑椹赤可種大豆又曰四月時雨降可種大小豆大槩美田欲稀薄田欲稠也穫豆之法貴晚盖早則零落而損實也其大豆之黑者食而充飢可備凶年豐年可供牛馬料食黃豆可作豆腐可作醬料白豆粥飯皆可拌食三豆色異而用別皆濟世之穀也

大豆：王祯《农书》，文渊阁四库全书本
元代王祯所著的《农书》是一部系统兼论中国北方和南方农业技术的著作，内容主要由农桑通诀、百谷谱、农器图谱三大部分组成，其“百谷谱”有一章专述“大豆”，当中根据豆种颜色不同分白、黑、黄3个品种，它们的利用方式也不同。如黑色品种灾荒之年用以充饥，丰收之年用以喂养牲畜；黄色品种主要用来制作豆腐和酱料；白色品种则用以做豆粥、豆饭。

赶稻及菽图、打枷图与扇风：宋应星《天工开物》，武进涉园据日本明和八年刊本

明代李时珍《本草纲目》载："大豆有黑、白、黄、褐、青、斑数色：黑者名乌豆，可入药，及充食，作豉；黄者可作腐，榨油、造酱；余但可作腐及炒食而已。"从文献记载中看到，明代大豆品种已由元代的白、黑、黄增加为黑、白、黄、褐、青、斑数色，且出现了入药、炒食等利用方式。明代宋应星《天工开物》"菽"中提到，这一时期大豆的种类已与稻黍一样多了。清代《植物名实图考》载，大豆"有黄、白、黑、褐、青斑数种，豆皆视其色以供用……"

李时珍[1]像

| 王宪明　绘 |

1 李时珍，明代著名医药学家，中国医学史上的重要人物，曾先后赴多地进行实地考察、搜集药物标本资源，并参考历代医药著作，历时数载完成巨著《本草纲目》。全书共52卷，配有文字和绘图，内容丰富，不但在中国产生了重要影响，刊行后也被译成多国文字，传播于世界。

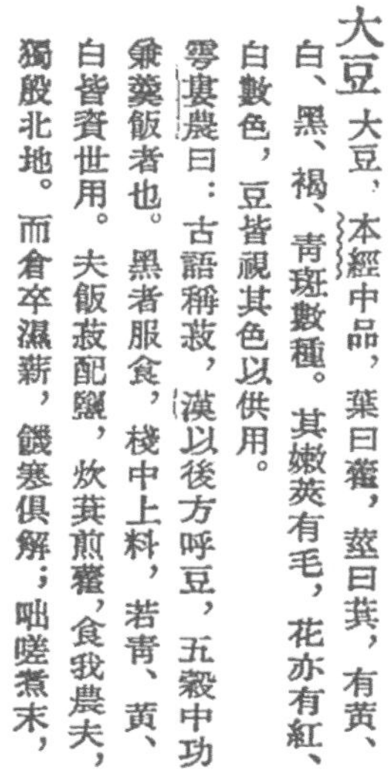

大豆 大豆，本經中品，葉曰藿，莖曰萁，有黄、白、黑、褐、青斑數種。其嫩莢有毛，花亦有紅、白數色，豆皆視其色以供用。

雩婁農曰：古語稱菽，漢以後方呼豆，五穀中功兼藥飯者也。黑者服食，棧中上料，若青、黄、白皆資世用。夫飯菽配鹽，炊萁煎藿，食我農夫，獨殷北地。而倉卒濕薪，饑寒俱解；咄嗟煮末，

《植物名实图考》中记载的大豆[1]

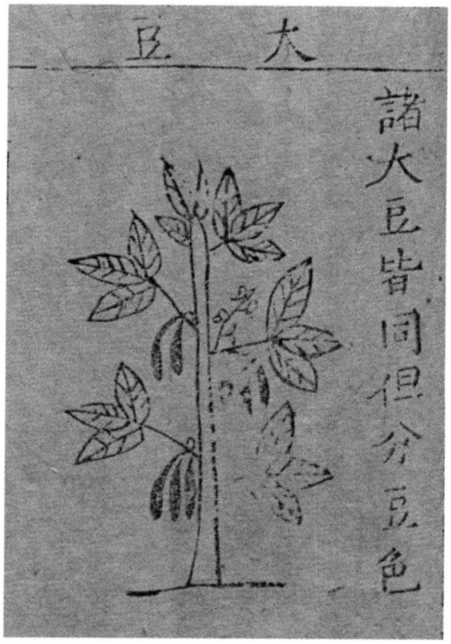

大豆：李时珍《本草纲目》，明万历二十四年金陵胡承龙刻本

種者花實亦待中秋乃結耨草之功唯鋤是視其色有黑白赤三者其結角長寸許有四稜者房小而子少八稜者房大而子多皆因肥瘠所致非種性也收子榨油每石得四十觔餘其枯用以肥田若饑荒之年則留供人食

菽

凡菽種類之多與稻黍相等播種收穫之期四季相承果腹之功在人日用蓋與飲食相終始一種大豆有黑黄兩色下種不出清明前後黄者有五月黄六月爆冬黄三種五月黄收粒少而冬黄必倍之黑者刻期八月收淮北長征騾馬必食黑豆筋力乃强凡大豆視土地肥磽耨草

天工開物卷上 乃粒

勤怠雨露足慳分收入多少凡爲豉爲醬爲腐皆于大豆中取質焉江南又有高脚黄六月刈早稻方再種九十月收穫江西吉郡種法甚妙其刈稻田竟不耕墾每禾藁頭中拈豆三四粒以指扱之其藁凝露水以滋豆豆性充發復浸爛藁根以滋已生苗之後遇無雨亢乾則汲水一升以灌之一灌之後再耨之餘收穫甚多凡大豆入土未出芽時防鳩雀害歐之惟人一種綠豆圓小如珠綠豆必小暑方種未及小暑而種則其苗蔓延數尺結莢甚稀若過期至于處暑則隨時開花結莢顆粒亦少豆種亦有二一日摘綠莢先老者先摘人逐日而取之一日拔綠則至

菽：宋应星《天工开物》，武进涉园据日本明和八年刊本

1 吴其濬. 植物名实图考. 北京：商务印书馆，1957.

清代，在东北地区、黄河流域、长江流域、珠江流域、云贵高原等地区的府州县志中也出现大量关于大豆类型和品种的记载。根据《中国大豆栽培史》的内容整理，这一时期东北地区的大豆品种类型主要是黄豆和黑豆，品种名为六月黄、七月黄、大金黄、小金黄、白眉、青皮；黄河中下游地区以黄豆、黑豆、青豆为主要品种，有白豆黄、青豆黄、铁黑豆、小黑豆、二粒黄、天鹅蛋、白果、羊眼豆、青皮豆、六月报、九月寒、虎皮豆、大黑豆、一窝蜂、酱色豆、花豆、鸡眼豆等；长江流域地区的大豆品种有青茶、沉香、麻皮、鸡趾、牛庄、香珠、莲心、白果、半夏黄、铁壳、黄香珠、茶褐豆、乌豆、水白豆、马鞍豆、十家香、稻熟黄、淮黄、六月白、等西风、麻熟子、大青豆、鸭蛋青、鸡子黄、高脚黄、早豆、晚豆、肉里青、八月白、西山豆、老鼠豆、广东青、五月豆、九月豆、观音豆、茶黄金、八月榨、七月绿、八月爆、中秋豆、油绿豆等；珠江流域地区则是黄豆、黑豆等类型的品种，名为早黄豆、晚黄豆、三收豆、雪豆、山豆、田豆、大黄豆、小黄豆、六月黄、八月黄、青丝豆、九月豆、乌金豆、黄花豆、田坎豆等；云贵高原地区也有大豆种植，品种类型多为黄豆、黑豆、褐豆等，如大黑豆、青皮豆、羊眼豆、茶豆、小黑豆、黄花豆、寸金豆、老鼠豆、鸭眼豆、蟹眼豆、靴豆、白早豆、松子豆、料豆、大白豆、绿皮豆、百日豆、泥黄豆、乌嘴豆、七十日豆等。

大豆植株

| 王宪明　绘 |

大豆虽品种各异，但作为同属植物，仍具有共性。大豆植株高度普遍在 30～90 厘米，植茎粗壮直立，叶多分为三小叶，豆荚肥大、稍弯下垂、密布褐黄色长毛，豆种近球形，种皮有黄、褐、黑等多色。

第二节 食用方式转变

汉代之后，大豆栽培技术不断进步，品种也不断多样化，但在大豆种植范围持续扩大的同时，其在作物栽培中的比例却有所下降，落到了粟、麦、稻等之后，大豆作为主食利用减少，渐入蔬饵膏馔之中了。

除了作为主食，大豆用作副食品的加工和利用早有出现。《楚辞·招魂》中有“大苦咸酸，辛甘行些”，王逸注“大苦，豉也”，是指豆豉。西汉时期又有淮南王刘安发明豆腐之说。魏晋南北朝以后，大豆制品不断多样化。《齐民要术》中就有关于豆豉、豆酱加工制作方法的详细记载：豆豉以“四月、五月为上时，七月二十日后八月为中时，余月亦皆得作”，豆酱则要“十二月、正月为上时，二月为中时，三月为下时”。可见，当时的先民已经总结了有关大豆加工利用的技术和方法。

到了隋唐宋元时期，大豆种植范围进一步扩大，大豆副食品的种类也更加丰富。豆腐已被广泛食用，《清异录》有“肉味不给，日市豆腐数个，邑人呼豆腐为小宰羊”，南宋朱熹、元代郑允端都曾作诗赞颂豆腐。这一时期，大豆也开始被用来榨取豆油。宋代苏轼的《物类相感志》就有“豆油煎豆腐，有味”和“豆油可和桐油作艌船灰”的记载，可见当时的人们已经认识到豆油在食用和制造业方面的价值。南宋周密的《南宋市肆记》提到市场上已有豆团、豆芽、豆粥、豆糕等豆制品出售。

至明清时期，大豆的各项栽培技术又进一步完善，人们对大豆多功能性的认识逐渐深化。这一时期，豆豉、豆腐、豆酱等传统发酵类和非发酵类大豆食品的制作工艺和品种类型都有了新的发展，明代《物理小识》中还出现了腐乳的制作方法和腐竹生产的内容。清代以后，大豆及其加工后的豆油和豆饼还成为贸易商品，被出口到国际市场。

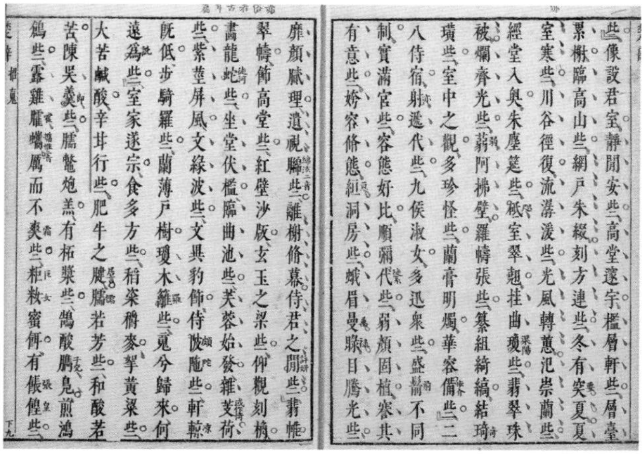

兮像設君室靜閒安些高堂邃宇檻層軒些層臺
累榭臨高山些網戶朱綴刻方連些冬有突夏
室寒些川谷徑復流潺湲些光風轉蕙氾崇蘭些
經堂入奧朱塵筵些砥室翠翹挂曲瓊些翡翠珠
被爛齊光些蒻阿拂壁羅幬張些纂組綺縞結琦
璜些室中之觀多珍怪些蘭膏明燭華容備些二
八侍宿射遞代些九侯淑女多迅眾些盛鬋不同
制實滿宮些容態好比順彌代些弱顏固植謇其
有意些姱容脩態絙洞房些蛾眉曼睩目騰光些

楚辭 招魂
靡顏膩理遺視矊些離榭脩幕侍君之閒些翡帷
翠幬飾高堂些紅壁沙版玄玉之梁些仰觀刻桷
畫龍蛇些坐堂伏檻臨曲池些芙蓉始發雜芰荷
些紫莖屏風文緣波些文異豹飾侍陂陁些軒輬
既低步騎羅些蘭薄戶樹瓊木籬些魂兮歸來何
遠為些室家遂宗食多方些稻粢穱麥挐黃粱些
大苦鹹酸辛甘行些肥牛之腱臑若芳些和酸若
苦陳吳羹些胹鱉炮羔有柘漿些鵠酸臇鳧煎鴻
鶬些露雞臛蠵厲而不爽些粔籹蜜餌有餦餭些
下九

《楚辞·招魂》所载豉：《楚辞》，明万历四十八年乌程闵齐伋三色套印本

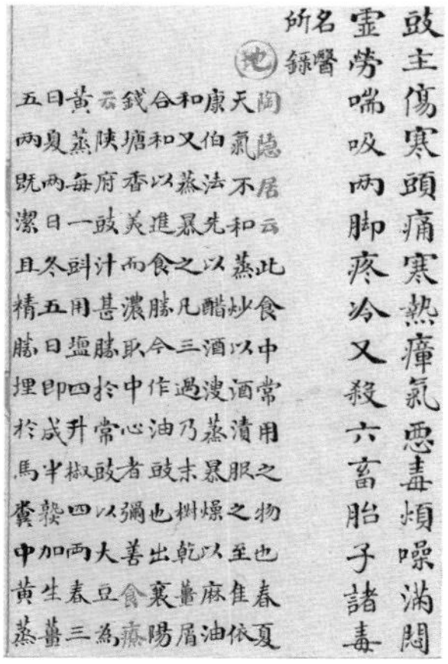

豉主傷寒頭痛寒熱瘴氣惡毒煩躁滿悶
虛勞喘吸兩脚疼冷又殺六畜胎子諸毒
名醫所錄

豆豉：刘文泰《本草品汇精要》，王世昌等绘，明弘治十八年彩绘写本

汉代之后，大豆多样的利用方式被不断开发。大豆由主食变为副食，并不能简单理解成大豆作物地位的下降，而是中国粮食体系内部优化配置的结果，且推动大豆利用方式的转变是多维度的。

春秋以前，中国的主粮作物是黍和稷。春秋末年至战国，菽粟并重，成为主食。汉代以后，麦作栽培和加工技术进步，被大规模种植，加上石磨的推广使用，使粗粝难咽的麦粒加工成精细易食的面粉，备受人们欢迎。受耕地面积所限，麦作种植面积的扩大自然影响到大豆的种植。另外，在江南地区大开发之前，粟、麦和大豆位于主粮前三位。随着人口南迁，江南地区的水稻种植快速发展，宋元以后又形成了以稻麦为主粮的作物结构。大豆则因种植范围和产量较低等因素，主粮地位逐渐下降。明清时期，高淀粉含量且高产的美洲作物传入，丰富了中国传统的主食品种，大豆则主要用于制作副食品。

北耕兼种图和南种牟麦图：宋应星《天工开物》，武进涉园据日本明和八年刊本

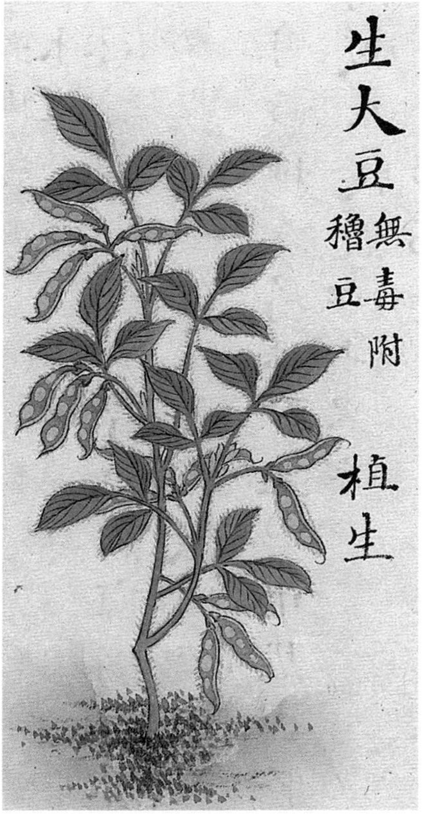

生大豆：刘文泰《本草品汇精要》，王世昌等绘，明弘治十八年彩绘写本

早期，煮食大豆虽然去除了一些豆腥味，但多食仍会引起腹部胀气或消化不良。汉代以后，随着食品加工技术的快速发展，豆酱、豆豉、豆腐等相继出现。这些加工后的豆制品，解决了煮食豆粒容易引起的胀气、消化不良等问题，使大豆含有的优质营养可以被充分地吸收和利用，极大地丰富了中华民族的特色食品。

汉代以后，大豆的主粮地位渐失，但仍位处中国农业种植系统的重要环节。战国时期，种植制度从休闲制过渡到了连种制，其后轮作、间作、套种、混作等方式出现并发展。古代先民发现，大豆适宜轮作和间作。西汉王褒《僮约》中“四月当披，五月当获。十月收豆，抡麦窖芋”就是指豆麦轮作。黄河中下游的南部地区早在汉代就采用了麦豆秋杂二年三熟为主的轮作复种制度。魏晋南北朝时期，禾谷类与豆类的北方轮作制度趋于成熟，《齐民要术》中“麦—大豆（小豆）—谷”的轮作，豆类作为主粮作物的前作，提供了好的茬口。大豆适合轮作，并可以参与间、混、套作等，不仅可以发挥其生态效益，肥沃土壤、恢复地力，做到用养结合，还能增加农作物产量，因此可持续性农业生产系统的发展离不开大豆作物的参与。

第三节 中国传统大豆制品

大豆的加工利用历史悠久且方式多样，豆酱、豆豉、酱油、豆芽、豆浆、豆腐等各类大豆食品尽情展现着中国特色的饮食文化，大豆也因其极高的利用价值而享有『豆中之王』的美称，受到世界各地人民的欢迎。

根据民间传说，豆酱是由春秋时期的政治家范蠡无意中创制而成。范蠡年少时在财主家的厨房管事，因经验不足常常剩下食材，时间一长就会酸馊变质。主人要求他将这些酸馊食材利用起来。于是，他先将长了毛的食材处理干净，再经过晒干、烹饪等去除异味，竟然制作出了美味的酱。

在中国食品史上，酱的出现很早，而最初关于豆酱的确切记载是西汉《急救篇》中的“芜荑盐豉醯酢酱”，隋唐时期颜师古对此注释为“酱，以豆合面而为之也”，说豆酱是用大豆和面粉加盐发酵而成，可见当时民间已用大豆制作豆酱了。

《汉书·货殖传》中有“通邑大都酤一岁千酿，醯酱千瓨……”“翁伯以贩脂而倾县邑，张氏以卖酱而隃侈……”，这是说一年之中可以卖醋酱千缸，可见生产规模和消费量很大。而张氏靠卖酱发家致富、生活宽裕，说明当时酱已是百姓日常生活所需。

北魏贾思勰《齐民要术》中的“作酱法”篇有关于豆酱、肉酱、鱼酱、麦酱、榆子酱等十几种酱的介绍，以及制酱方法的记述，其中豆酱的主要制作流程包括制酱时间的选择、原料的处理、酱曲的制作、发酵工艺等。

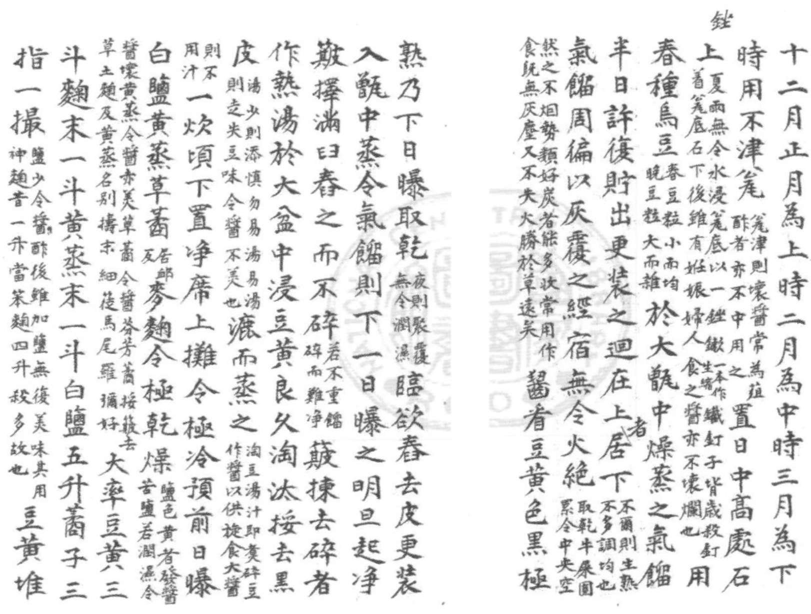

酱的制作：贾思勰《齐民要术》，明钞本

对于《楚辞·招魂》中“大苦咸酸”的记载，东汉王逸注为“大苦，豉也”。也有一种观点认为豆豉应是秦汉时出现，司马迁在《史记·货殖列传》中记述：“通邑大都，酤一岁千酿，醯酱千瓨，浆千甔，……糵麴盐豉千答，鲐鮆千斤，……”此时集市中已有豆豉贩售且有一定规模。古时，豆豉又被称为幽菽。根据宋代学者周密在《齐东野语·配盐幽菽》中的记载，可以看到幽菽的名称在宋代已有，但不普及，即便自负博学的江西仕子尚未听闻，杨万里则借此警示仕子学无止境，应戒骄戒躁持续学习。明代杨慎在《丹铅杂录·解字之妙》中对豆豉（幽菽）详述：“盖豉本豆也，以盐配之，幽闭於瓮盎中所成，故曰幽菽。”原来幽菽二字意味幽闭豆菽，形象地反映了将大豆封闭在罐子中的样子。

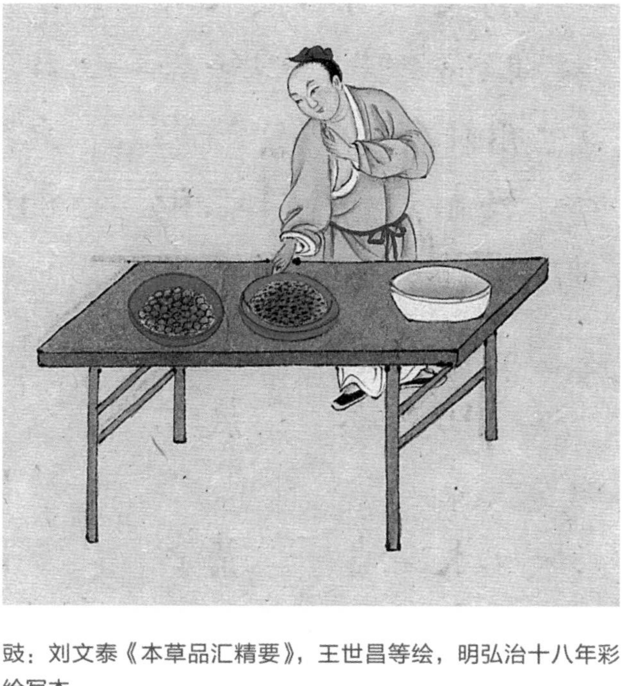

豉：刘文泰《本草品汇精要》，王世昌等绘，明弘治十八年彩绘写本

豆豉营养丰富，不仅可以用作调味品，还具有药用保健功效。入药用豆豉一般由黑大豆加工而成，陶弘景在《名医别录》载：“豉：味苦，寒，无毒。主治伤寒、头痛、寒热、瘴气、恶毒、烦躁、满闷、虚劳、喘吸、两脚疼冷，又杀六畜胎子诸毒。”

传说，豆豉还可作为麻黄的替代品入药。相传被唐高宗称为“大唐天纵英才”的王勃，因作《斗鸡檄文》惹怒高宗，又因杀官奴被下狱，其父也被牵连贬到交趾。王勃遭此劫难，心情抑郁，探望父亲路过洪州（南昌），在长江边沙滩上偶遇一位正在制作豆豉的老翁。他发现老翁除了使用常见的辣蓼、青蒿、藿香、佩兰、苏叶、荷叶等原料，还加入麻黄汁浸泡大豆，所做成的豆豉具有麻黄的药效，又有豆豉的美味。之后，洪州都督阎伯屿因重修滕王阁落成大宴宾客，席上王勃作《滕王阁序》，阎都督拍案叫绝，众宾客惊为天人。第二天，阎都督专为王勃设宴，席间，阎都督因外感风寒，疼痛难安，但怕麻黄药性过猛不愿使用，王勃则用所学豆豉良方，使阎都督药到病除。

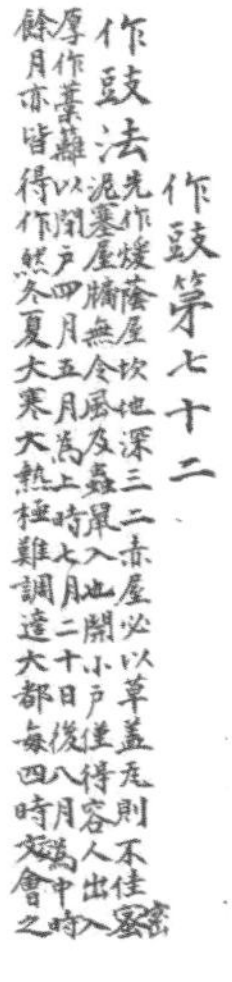
作豉第七十二
作豉法
先作煖蔭屋坎地深三二赤屋必以草蓋瓦則不佳密泥塞屋牖無令風及蟲鼠入也開小戶僅得容人出入厚作藁籬以閉戶四月五月為上時七月二十日後八月為中時餘月亦皆得作然冬夏大寒大熱極難調達大都每四時交會之

豉的制作：贾思勰《齐民要术》，明钞本

大豆种子稍微发芽，再进行干燥加工，可制成大豆黄卷，具有透邪解表、利湿解热的功效。如果大豆充分发芽，就是豆芽了。有别于豆酱、豆豉、酱油等，豆芽是介于大豆和大豆制品之间的半加工形态。大豆受土壤的湿气影响就会发芽，对种子浸泡保墒也可发芽。豆芽制作简单，应该很早就被发现食用了。汉代的《神农本草经·大豆黄卷》中有相关制作方法的描写："造黄卷法，壬癸日（指的是冬末春初之时），以井华水浸黑大豆，候芽长五寸，干之即为黄卷。用时熬过，服食所需也。"这说明大豆黄卷是选用黑大豆制成的长五寸[1]的豆芽。此外，豆芽还有"种生"的别称，意为豆芽是从种子中生长出来的。宋代孟元老所著的追述北宋都城东京汴梁风貌的《东京梦华录》中载："又以绿豆、小豆、小麦于瓷器内，以水浸之，生芽数寸，以红蓝草缕束之，谓之'种生'，皆于街心彩幕帐设出络货卖。"清乾隆时期的袁枚在《随园食单》中有："豆芽柔脆，余颇爱之。炒须熟烂，作料之味才能融洽。可配燕窝，以

大豆黄卷：刘文泰《本草品汇精要》，王世昌等绘，明弘治十八年彩绘写本

1 1寸=3.33厘米。

柔配柔，以白配白故也。然以其贱而陪极贵，人多嗤之，不知惟巢由正可陪尧舜耳。”袁枚不仅爱食豆芽，而且将豆芽比作上古时的隐士巢父和许由，将豆芽配燕窝的美食用来类比贤士配明君，这实在是对豆芽的莫大赞许。

在中国很多地区，豆浆油条是传统早餐的标准配置。据说豆浆由淮南王刘安所创。刘安用泡好的黄豆磨成豆浆，治好了母亲的病。经过浸泡的大豆，无论是舂压还是研磨都会形成豆浆。事实上，先秦就已经流行“饵”作食物，就是由粮食加水煮过后舂成的，按《史记·魏公子列传》中“薛公藏于卖浆家”所述，在春秋战国时期就有售卖“浆”类饮料的行业了。到了西汉，把谷物磨成浆更是普遍。《史记·货殖列传》中载“卖浆，小业也，而张氏千万”，可见那时售卖浆类已经是常见的生计手段，甚至有人将其做成了大买卖。

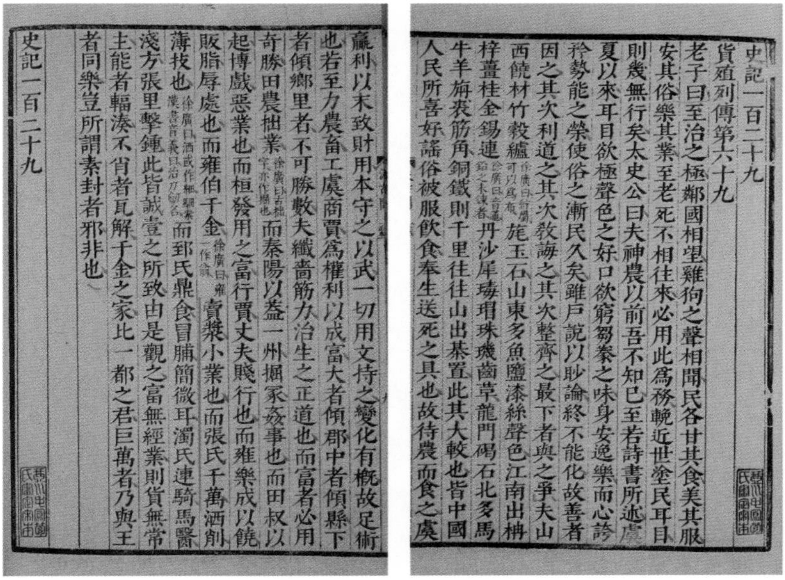
史記一百二十九
貨殖列傳第六十九
老子曰至治之極鄰國相望雞狗之聲相聞民各甘其食美其服安其俗樂其業至老死不相往來必用此爲務輓近世塗民耳目則幾無行矣太史公曰夫神農以前吾不知已至若詩書所述虞夏以來耳目欲極聲色之好口欲窮芻豢之味身安逸樂而心誇矜勢能之榮使俗之漸民久矣雖戶說以眇論終不能化故善者因之其次利道之其次教誨之其次整齊之最下者與之爭夫山西饒材竹穀纑（徐廣曰紵屬可以爲布）旄玉石山東多魚鹽漆絲聲色江南出枏梓薑桂金錫連（徐廣曰音蓮鉛之未鍊者）丹沙犀瑇瑁珠璣齒革龍門碣石北多馬牛羊旃裘筋角銅鐵則千里往往山出棊置此其大較也皆中國人民所喜好謠俗被服飲食奉生送死之具也故待農而食之虞

贏利以末致財用本守之以武一切用文持之變化有概故足術也若至力農畜工虞商賈爲權利以成富大者傾郡中者傾縣下者傾鄉里者不可勝數夫纖嗇筋力治生之正道也而富者必用奇勝田農拙業（徐廣曰古拙字亦作㤕也）而秦陽以蓋一州掘冢姦事也而田叔以起博戲惡業也而桓發用之富行賈丈夫賤行也而雍樂成以饒販脂辱處也而雍伯千金（徐廣曰雍一作翁）賣漿小業也而張氏千萬洒削薄技也（徐廣曰洒或作細 駰案漢書音義曰治刀劍名）而郅氏鼎食胃脯簡微耳濁氏連騎馬醫淺方張里擊鍾此皆誠壹之所致由是觀之富無經業則貨無常主能者輻湊不肖者瓦解千金之家比一都之君巨萬者乃與王者同樂豈所謂素封者邪非也
史記一百二十九

《史记·货殖列传》所载浆：司马迁《史记》，裴骃集解，1656年重镌汲古阁版

酱油一词出现的时间较晚，宋代林洪的《山家清供》中有“韭叶嫩者，用姜丝、酱油、滴醋拌食”“取鱼虾之鲜者同切作块子，用汤泡裹蒸熟，入酱油、麻油、盐……”的记载，在这些文字中，酱油已经是同盐、醋一样经常使用的调味品了。虽然酱油的确切表述到宋代时期才出现，但是类似于酱油的调味品却早已被古代先民广泛使用，如酱清，其实已是酱油的早期形态。除了酱清，最著名的早期酱油当属豉汁。

关于豉汁的记载，曾出现在三国时期的著名历史故事中。曹操死后长子曹丕继位，曹丕唯恐几个弟弟与他争位，便觉得应当先下手为强从而夺了二弟曹彰的兵权。此时就剩下老三曹植了，曹植是曹丕竞争王位时的最大对手，二人为竞争继承权早已兄弟不睦，曹植以诗文闻名于世，曹丕非常嫉恨他，便命令曹植在大殿之上走七步，然后以兄弟为主题即兴吟诗一首，但诗中却不能出现“兄弟”二字，成则罢了，不成便要痛下杀手。曹植见到屋中正在煮着的豆子和作为燃料的豆萁，触景生情，不假思索地脱口而出：“煮豆持作羹，漉菽以为汁。萁在釜下燃，豆在釜中泣。本自同根生，相煎何太急。”这便是赫赫有名的“七步成诗”。曹丕听后内心感触，没能下得了手，只把曹植贬为安乡侯。可见，当时已有“漉菽为汁”制作大豆酱汁的方式了。之后，豉汁的记载大量出现，《齐民要术》中就记录了几十条用豉汁调味的内容。

豉汁毕竟是比较原始的酱油，等到宋代更为成熟的酱油出现时，酱油的地位也跃升为人们生活的必需品了。如南宋钱塘文人吴自牧，在宋亡之后撰写了《梦粱录》一书，用以表达对故国的追思，在书中记述南宋临安风俗时就有写道：“盖人家每日不可阙者，柴、米、油、盐、酱、醋、茶。”此处的酱是对酱和酱油的统称，酱已经是人们生活饮食的必备物品。无独有偶，相传明代才子唐伯虎，在弘治十二年科举案之后断绝仕途，深受打击的唐伯虎寄情于山水书画，留下了“琴棋书画诗酒花，当年件件不离它。而今般般皆交付，柴米油盐酱醋茶”的诗句，当中感叹日常生活里要为柴米油盐酱醋茶而费心的无奈。当然，也有学者指出此诗的作者是清代张灿。无论此诗作者是否另有其人，起码可以得出判断，酱油已经成为中国人饭桌上必不可少的调味品，人们也在实践中不断积累和传承着酿造酱油的工艺技术方法。

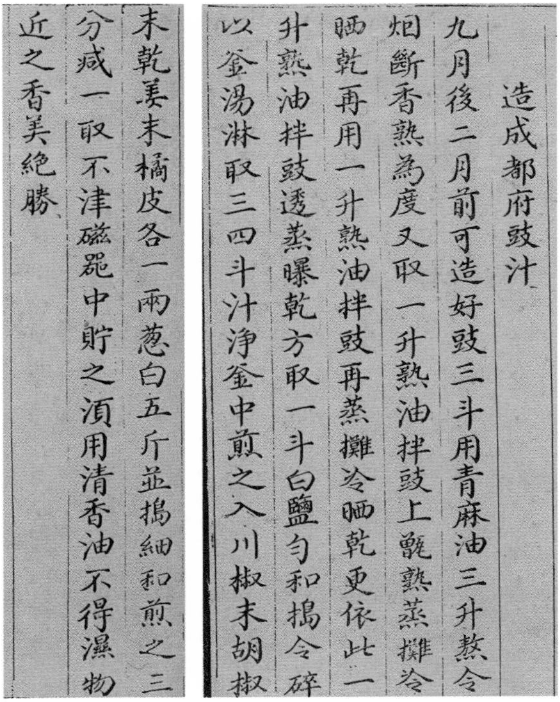
造成都府豉汁
九月後二月前可造好豉三斗用青麻油三升熬令
炮斷香熟為度又取一升熟油拌豉上甑熟蒸攤冷
晒乾再用一升熟油拌豉再蒸攤冷晒乾更依此一
升熟油拌豉透蒸曝乾方取一斗白鹽匀和搗令碎
以釜湯淋取三四斗汁淨釜中煎之入川椒末胡椒
末乾姜末橘皮各一兩葱白五斤並搗細和煎之三
分減一取不津磁罌中貯之須用清香油不得濕物
近之香美絕勝

制作豉汁：张履平《坤德宝鉴》，清乾隆四十二年遹修堂刊本

豆腐可谓是中国大豆制品的代名词，凡谈及大豆制品必言及豆腐。同时，豆腐类食品自成体系，在豆腐的基础上又有豆腐脑、豆腐干、豆腐乳等一系列豆制品。相传豆腐是在公元前 164 年由西汉开国皇帝汉高祖刘邦之孙——淮南王刘安发明。据说，当年刘安集合了一群道士，在如今安徽省寿县与淮南交界处的八公山上尝试烧制丹药，试图长生不老、羽化登仙。炼丹时，偶然以石膏点入一锅煮沸的豆汁之中，见豆汁凝结成块状的固体，试吃之下发现凝块鲜美滑嫩，从而也就发明了豆腐。宋代朱熹《次刘秀野蔬食十三诗韵》中写道：“种豆豆苗稀，力竭心已腐。早知淮王术，安坐获泉布。”并注明“世传豆腐乃淮南王术”。李时珍也在《本草纲目》中将豆腐的发明归于淮南王刘安。

当然，在历史学的领域从来就不会缺少不一样的声音。化学家袁翰青就主张豆腐并不是发明于西汉，而是到了五代时期才有豆腐。豆腐的发明者更不是什么帝王将相，而是中国古代平凡而伟大的劳动人民，因为只有经过长期辛苦的磨豆、煮豆浆等劳动工序，才会积累出经验并发明出豆腐。也有学者认为，古代的豆浆腥味较重，口感不算好，在饮用时要加入盐、卤水等来调味，而卤水不仅可以改变豆浆的味道，也能将液体的豆浆变成凝结成块的固体，于是人们在给豆浆调味的过程中就出现了豆腐的雏形。日本学者筱田统将豆腐生产和在市场销售的时间推算到唐代中期，主要根据五代陶谷所著《清异录》中“为青阳丞，洁己勤民，肉味不给，日市豆腐数个”的记载。1960 年在河南密县打虎亭东汉墓发现的石刻壁画，再度掀起豆腐是否起源于汉代的争论。学界部分学者偏向于认为打虎亭东汉壁画描写的不是酿酒，而是制造豆腐的过程。认为早在公元前 2 世纪，豆腐生产就已在中原地区普及，所以才会在汉墓画像石中有所体现。而画像石中没有煮浆场面，也引起多方讨论。

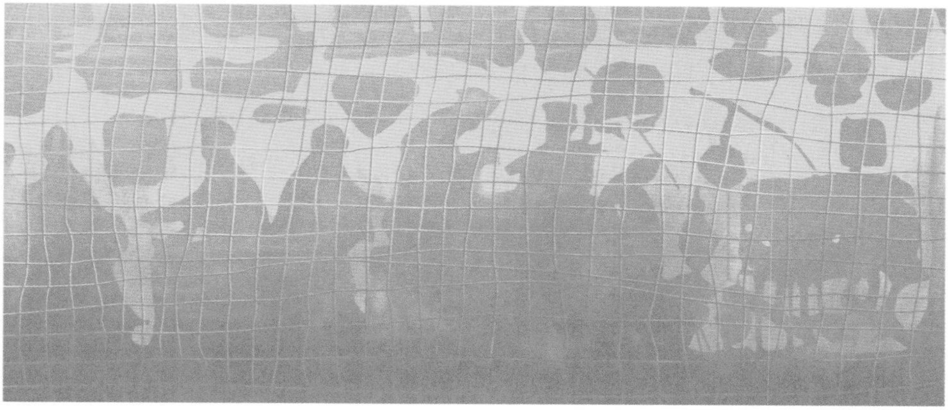

东汉豆腐作坊画像石 · 河南密县打虎亭一号汉墓出土

| 王宪明　绘 |

东汉豆腐作坊画像石图样

| 王宪明　绘 |

关于豆腐的制作工艺，李时珍在《本草纲目》中引用前人著述，对豆腐做法有较为详细的记载：“豆腐之法，始于汉淮南王刘安。凡黑豆、黄豆及白豆、泥豆、豌豆、绿豆之类，皆可为之。造法：水浸硙碎，滤去渣，煎成，以盐卤汁或山叶（山矾叶）或酸浆、醋淀就釜收之。又有入缸内，以石膏末收者，大抵得咸、苦、酸、辛之物，皆可收敛尔，其面上凝结者，揭取晾干，名豆腐皮，入馔甚佳也。味甘、咸、寒，有小毒。”

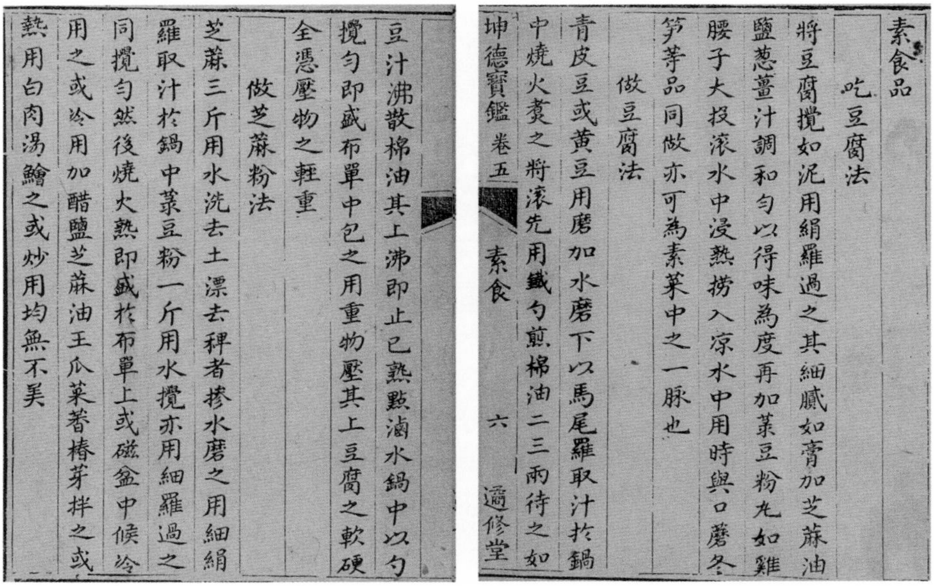
素食品
吃豆腐法
將豆腐攪如泥用絹羅過之其細膩如膏加芝蔴油鹽葱薑汁調和勻以得味為度再加菉豆粉丸如雞腰子大投滚水中浸熟撈入凉水中用時與口蘑冬笋荸品同做亦可為素菜中之一脉也
做豆腐法
青皮豆或黄豆用磨加水磨下以馬尾羅取汁於鍋中燒火煑之將滚先用鐵勺煎棉油二三兩待之如
坤德寶鑑 卷五 素食 六 遹修堂
豆汁沸散棉油其上沸即止已熟點滷水鍋中以勺攪勻即盛布單中包之用重物壓其上豆腐之軟硬全憑壓物之輕重
做芝蔴粉法
芝蔴三斤用水洗去土漂去秕者摻水磨之用細絹羅取汁於鍋中菉豆粉一斤用水攪亦用細羅過之同攪勻然後燒火熱即盛於布單上或磁盆中候冷用之或冷用加醋鹽芝蔴油王瓜菜蓍椿芽拌之或熱用白肉湯鱠之或炒用均無不美

吃豆腐法和做豆腐法：张履平《坤德宝鉴》，清乾隆四十二年遹修堂刊本

泡大豆

磨大豆

滤豆汁

煮豆浆

点卤水

豆腐与豆制品

豆腐制作工艺图

| 王宪明　绘 |

第四章

机遇挑战

明清以后的大豆生产

虽然汉代以后大豆的主食地位逐渐弱化，但是由于在人们生产生活中的广泛利用，大豆并没有退出中国作物的种植系统。相反，当东亚和东南亚少数国家刚开始种植大豆，欧洲人对大豆的认识还只停留在它是制作豆酱、豆腐的原材料之时，大豆在中国的种植、生产、加工和利用已经全面发展并处于世界领先地位。然而，中国大豆的种植生产和贸易出口优势在20世纪以后发生了改变，进入21世纪，中国大豆产业同时面临着机遇与挑战。

第一节 大豆生产一枝独秀

中国与亚洲、欧洲等国的进出口贸易往来历史悠久。最初，西方人十分青睐中国的丝绸和茶叶，而大豆贸易走向世界的时间要稍晚一些，大豆早期的出口总产值也远落后于茶叶和丝绸。明清以后，中国大豆及其制品的产量和贸易出口量开始在世界范围内占据领先地位。

明清时期，统治者曾在不同阶段多次实施海禁。康熙二十三年（1684年），朝廷宣布废除海禁。开海贸易后，东北地区产出的大豆随着南北商船的往来开始流动。《安吴四种·中衢一勺》卷一《海运南漕议》中有载："自康熙廿四年开海禁，关东豆麦每年至上海者千余万石，而布、茶各南货至山东、直隶、关东者亦由沙船载而北行"，可见到明清时期，大豆的种植不仅遍及中国各地，并且已经成为贸易市场上的交换商品之一。

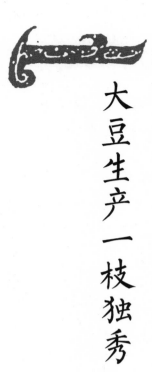

清朝初年，大豆及其制品并不在清政府允许出口的商品之列，虽实行禁运政策，但却出现了一些商人私运交易。乾隆十四年（1749 年），朝廷允许少量大豆运输，据《钦定大清会典事例》记载："商人自奉天省回时，大船带黄豆 200 石，小船带 100 石。"鸦片战争之后，伴随通商口岸的打开，近代中国东北地区大豆对外出口的大门也随之打开。当时的大豆三品（大豆、豆油、豆饼）不仅吸引了中国关内和南方商人的运销，外商更是看到其中的经济利益，多次要求参与大豆运销。面对"许销禁豆"的要求，清政府下令从 1862 年开始解除部分大豆禁令，允许外商运售。此后，越来越多的外国商船驶入牛庄（营口）口岸，其中大多数租给中国商人从事大豆三品转口贸易活动。早期的大豆运输主要是从中国的东北地区运销到华中、华南等地。

停靠在牛庄（营口）口岸装载大豆的货船[1]

1 Charles V. Piper, William J. Morse. The Soybean. New York: Peter Smith, 1943: 6.

从1869年开始，清政府完全解除了对大豆的出口禁令，大豆开始进入东亚、东南亚、欧洲等市场。根据《中国近代农业生产及贸易统计资料》的数据显示，1870—1911年中国大豆出口量发生了较大变化：从1870年的总出口量578千关担[1]、价值688千关两[2]，发展到1891年的663千关担、价值791千关两，处于平稳中波动发展阶段；1892年起出口迅速增长，从1143千关担、1188千关两，增至1907年的1337千关担、3242千关两，其间虽受战争等因素影响出现过巨幅下降，但总体增长趋势依然明显，特别是在1908年后，大豆出口量剧增，1911年相比1870年，大豆的总出口量增加了18倍。此外，从1894年起，随着大豆三品出口量的不断增加，政府开始对大豆三品进行分类统计。大豆受到国内和国际市场的一致欢迎，主要归功于大豆的多功能利用价值。此时，大豆已不仅是作为豆饭、豆粥的主食，更能加工制成各类大豆制品，而其加工后产出的豆油和豆饼，还可有效地用于人们的生产与生活。

20世纪以前，中国大豆的出口市场主要是日本、东南亚等地区国家，最主要的出口口岸是牛庄（营口）。中日甲午战争以后，日商利用不平等条约在中国东北地区经营大豆出口贸易的同时，又在华开设油坊，大肆掠夺大豆三品。1908年，英国榨油业出现了原料短缺问题，日商乘机将大量东北大豆运销英国，大豆的油用价值也很快获得英国市场的认可。从此，东北大豆持续运销欧洲，世界市场得以拓展，大豆在油脂加工业和工业生产等行业中的巨大价值逐渐显现。大豆三品相继出口，陆续进入欧洲、美洲等多个国家和地区，大豆及其产品的世界需求量随之迅速增长起来。

---

1 关担：清中后期海关所使用的一种计量货物重量单位，1关担 = 100关斤 = 119.36市斤=59680克。

2 关两：清中后期海关所使用的一种记账货币单位，1关两的虚设重量为583.3英厘或37.7495克（后演变为37.913克）的足色纹银（含93.5374%纯银）。

清末民初，中国大豆及豆饼和豆油的对外出口不断扩大，东北三省、河北、河南、山东等地区成为大豆的主产区。1914—1918 年，东北地区的大豆种植面积和总产量分别占全国的 41.4%和 36.55%，是中国最重要的大豆主产区。清政府又相继开放了安东、大连等出口口岸。东北地区南部的大豆主要通过安东港（丹东的旧称）、大连港和牛庄港对外出口，东北北部的大豆则通过符拉迪沃斯托克对外出口。

满仓的大豆[1]

成袋的大豆等待运往欧洲[1]

1 William J. Morse. The Versatile Soybean. Economic Botany, 1947(2): 141.

20 世纪 30 年代，中国的大豆总产量仍占世界大豆总产量的 80%以上，是全球最大的大豆生产国。大豆出口量从 1912 年的 7666 千关担持续增长，1928 年达到 35854 千关担。1928 年，大豆出口总额占全国商品输出总值已从 19 世纪末的 1%左右上涨至 19.8%，成为中国重要的出口商品。中国不但是大豆的原产国，而且是世界最大的大豆生产国和出口国。从世界范围来看，当时的中国大豆生产与出口可谓一枝独秀。

清末，中国大豆的主要出口市场是东亚和东南亚地区。到了 1912—1928 年，大豆的最主要外销市场则是苏联和日本，东南亚、欧洲等地区也都是中国大豆商品的输入地，不过出口总量相对前者较小。除了大豆，豆饼和豆油相继对外出口，这一时期，豆饼的最大消费市场是日本，占到中国豆饼出口总量的一半以上。豆饼富含植物蛋白质，适于用作农事耕作肥料、牲畜饲料、人类蛋白质食品等。而豆油的出口量相对较少，主要销往英国、苏联、荷兰、美国、日本等国。当时，欧洲市场多将豆油用于工业生产和产品制造业，即所谓“豆饼销日本、豆油销欧洲”。

牛庄（营口）口岸搬运大豆的人们[1]

1 Charles V. Piper, William J. Morse. The Soybean. New York: Peter Smith, 1943: 196.

另外，从大豆品种来看，民国时期中国有多个省的地方志中都出现了关于大豆品种资源的记载，表明大豆品种数量比明清时期又有了快速的增长，且品种类型更加丰富和多样化。全国各地区由于不同的自然生态条件，分别形成了具有各自特色的地方型大豆品种。

根据郭文韬先生《中国大豆栽培史》记载，清末到民国时期东北地区的大豆类型有所增加，有黄豆、黑豆、青豆、杂豆等，包括金黄豆、大金黄、小金黄、四粒黄、黑壳黄、青黄豆、白眉豆、小黑脐、黑豆、乌豆、大乌、小乌、黑皮青、尖大粒、猪眼黑、黑青瓤、青皮豆、大粒青、四粒青、铁荚青、红毛青、两粒青、青瓤子、猫眼豆、天鹅蛋、磨石豆、虎皮豆、羊豆、白露豆、霸王鞭等品种；山东、河北等黄河流域地区主要是牛腰齐、铁荚青、河南黄、白花早、蓝花早、平顶黄、水黄豆、大白果、大青果、当年陈、小青黄、早四粒、小鼠眼、大四粒、碰节黄、凤皮豆、猪眼豆、干打锤、铜皮豆、羊眼豆、老鸦豆、花斑豆、天鹅蛋、泥豆、九月寒、黄金躁、笨豆、小子黑豆等品种；长江流域的安徽、湖南、浙江等地区均有大豆品种记载，包括白毛壳、八月白、柿子核、喜鹊茅、紫青、十月黄、十月白、黄羊眼、节节三、节节四、盐青、关青、白花珠、白果、鸡趾、沉青、白渍、瓤青、水白豆、六月白、白香圆、苏州黄、圆珠黄、高脚黄、南京黄、六月黄、随稻黄、黄瓜青、七月白、待霜黄、大黑豆、六月乌、牛腿豆、火炮豆、十月豆、梅豆、冬豆、泥鳅豆、秋风豆、老林豆、老鼠皮、和尚衣、田坎豆、半年黄、早大豆等品种；此外，珠江流域地区的大黄豆、小黄豆、六月黄豆、青皮豆、埂豆、黄花线豆、橹豆等和云贵地区的青皮豆、羊眼豆、茶花豆、云南豆、钟子豆、稻豆、六月黄、泥黄豆等，也是当地的特色品种。

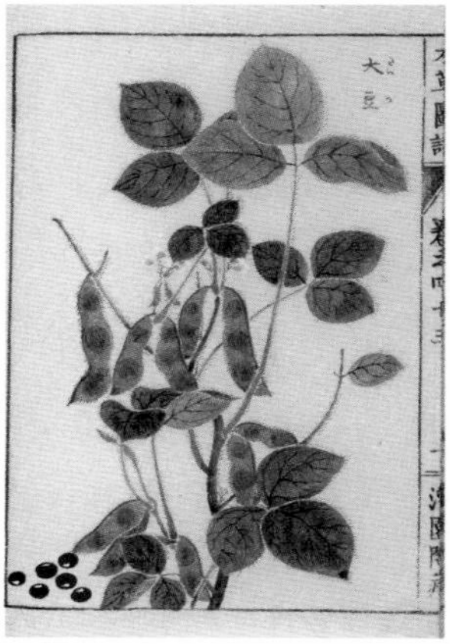

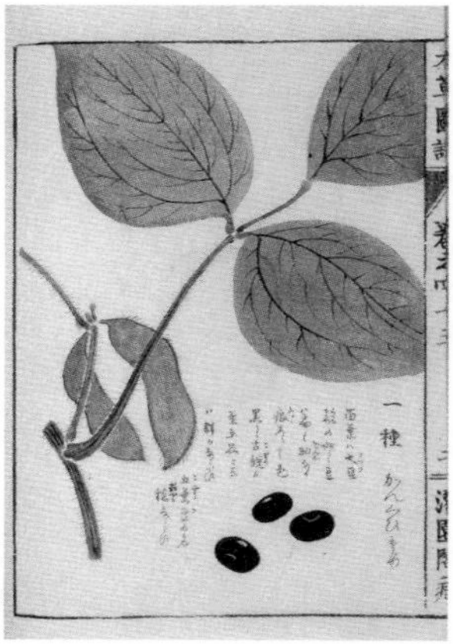

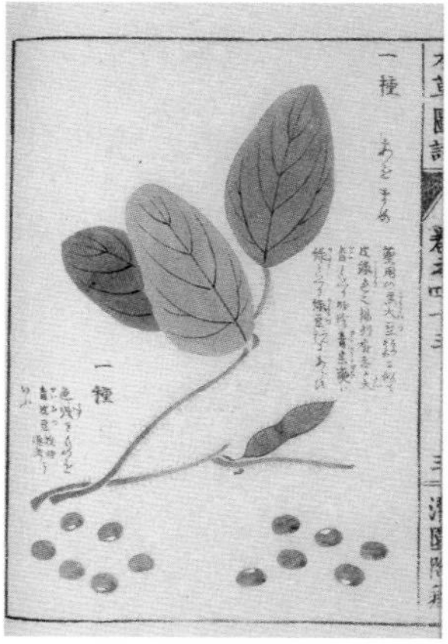

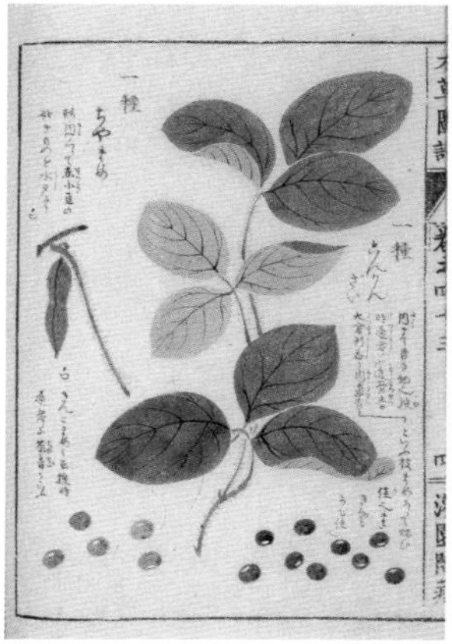

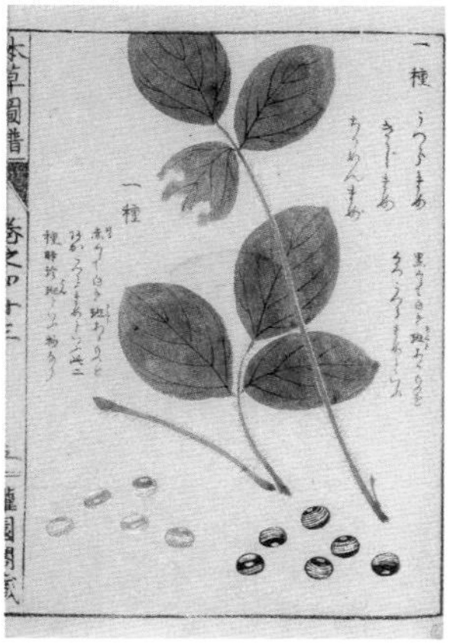

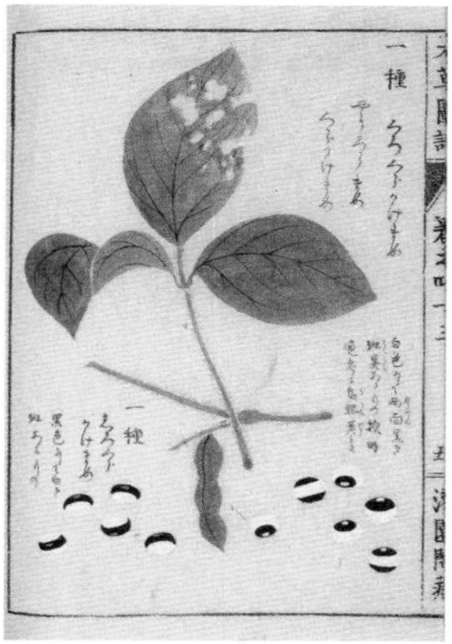

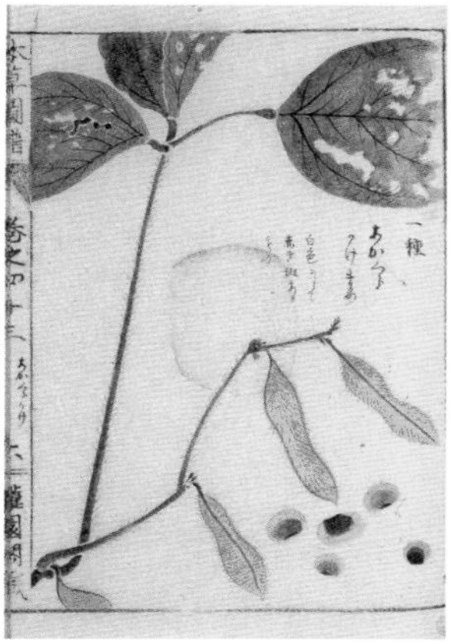

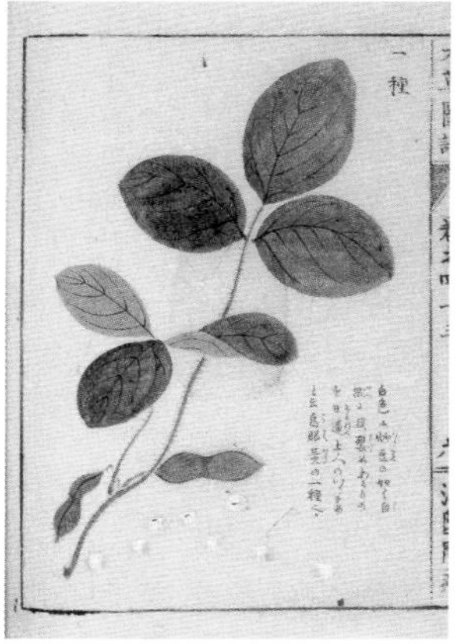

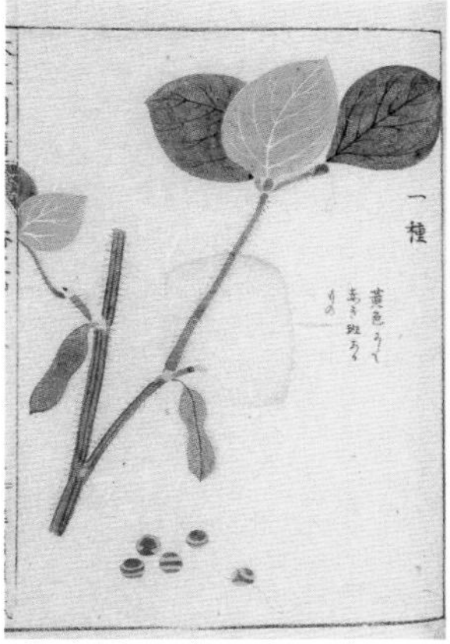

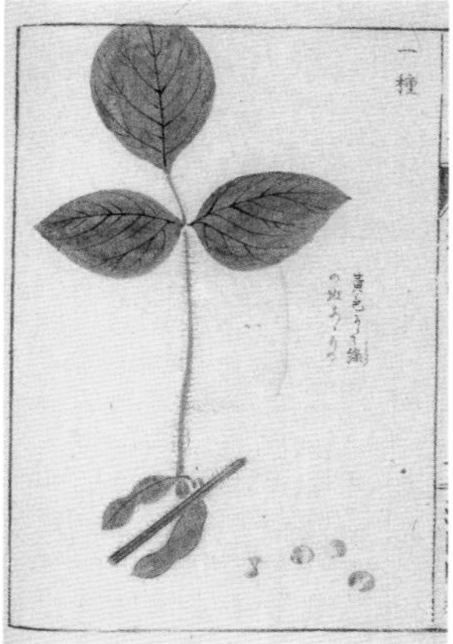

大豆：岩崎灌园《本草图谱》，
江户晚期绘本

第二节 优势地位逆转

中国大豆的生产、消费和出口曾处于世界领先地位，大豆及其制品远销海外。但到了20世纪30年代，中国大豆的生产和出口量开始下降。20世纪50年代初，在经历了中美大豆产量交替领先的发展态势后，美国大豆生产全面赶超了中国。此后，美国、巴西和阿根廷分列世界三大大豆生产国。

1929年爆发了全球范围的经济危机，欧、美、日等市场都受到不同程度的影响，对大豆产品的购买力大幅降低，中国大豆的出口量开始减少。从20世纪30年代起，虽然中国大豆的总产量在波动中下降，但是直到1937年抗日战争全面爆发前，年总产量仍占世界大豆年总产量的80%以上，保持着世界最大大豆生产国地位。然而，随着日本侵华战争和内战的爆发，中国的经济发展和农业生产遭受了巨大破坏，中国的大豆生产也不例外。到1949年中华人民共和国成立之际，中国的大豆年产量占世界大豆生产总量的比重已下降至不足40%。

抗战胜利后，农业生产得到恢复，中国的大豆生产得以重振旗鼓。而此时，美国的大豆种植和生产已进入快速发展时期。1949—1953年，中美大豆生产在经历了总产量交替领先的发展态势后，美国于1954年赶超中国，并进入持续快速产业化发展阶段。中国则由于耕地和人口等制约因素，出现了大豆种植面积下滑、年产量增长缓慢等问题。可以说，20世纪中叶以后，中美大豆生产的差距越来越大，美国继而取代中国成为世界最大大豆生产和出口国。

20世纪70年代后，南美洲国家开始大规模种植大豆，其中巴西和阿根廷的大豆生产最为引人注目。在短短数年间，两国大豆生产从无到有，并相继超越中国，成为世界第二、第三的大豆生产国。而中国大豆生产发展相对缓慢，产量跌落至世界第四，且占世界大豆生产总量的份额也持续下降。随着中国居民大豆消费量的不断增长，从1996年开始，中国政府暂时取消了大豆进口配额政策，并降低约束关税，通过进口大豆来满足国内市场的用豆需求，中国也由大豆净出口国转变成为大豆净进口国。

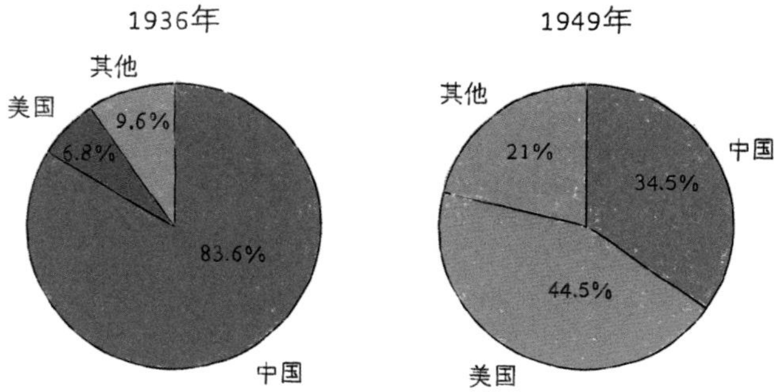

1936年与1949年世界大豆生产格局比较[1]
| 王宪明　绘 |

1 根据美国农业部发布的Agricultural Statistics相关数据整理绘制。

第三节 当前生产格局

中国有着悠久的种豆、用豆历史，大豆也是中国人饮食生活不可或缺的部分。中国大豆的品种资源丰富，大豆产量也在平稳中前进。在当今社会，大豆及其制品在食品、油脂、饲料、医疗、新能源开发等多行业都发挥了效用，大豆在农业生产和国家发展中的关键作用应得到重视。

中国的大豆品种类型极为丰富，不同地区又拥有一些独具特色的地方品种。根据不同大豆品种的种皮颜色、生育期时间、豆粒形态也出现了各式各样的大豆品种名，如东北地区黄种皮的金元型、小金黄型、黄金型、黄宝珠型，黄淮夏大豆在不同地方形成多个品种类型，山东夏大豆中有平顶黄、铁角黄、腰角黄、小粒青、大黑豆、小黑豆、大红豆、红滑豆，河南有牛毛黄、小籽黄、白豆、八月炸、药黑豆等，江苏有小油豆、软条枝、大白角、豌豆团、天鹅蛋等类型。

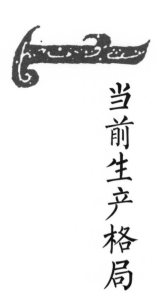

根据当前中国不同大豆品种的主要特性，对应人们日常的生活生产需求，不同的大豆品种可以分别用于油用、蛋白用、菜用、药用、饲用等。《中国作物及其野生近缘植物·经济作物卷》中记载，油用大豆粒中油分含量较高，主要用来提取油脂，东北地区及黄淮北部的大豆品种较多为此类型，如东农 46、黑农 37、合丰 42、吉林 35、辽豆 11、冀黄 13 等，大豆含油量均在 22% 以上；蛋白用大豆粒中蛋白质含量较高，以蛋白质利用为主，其中蛋白质和可溶性蛋白含量都超过 40%，中国南方地区的不少品种甚至超过 50%，如东农 42、黑农 35、冀豆 12、豫豆 25、郑 92116 等；菜用大豆主要用作蔬菜，如市场上销售的新鲜毛豆和豆芽；此外，黑豆主要用以做豆豉；药用大豆多为黑种皮绿子叶，称药黑豆，主要用作入药原料，主治中风脚弱、心痛、痉挛、五脏不足气等；饲用大豆是以大豆豆荚植株饲喂牲畜，该类大豆茎秆较细软，适口性好，如东北的秣食豆类型、南方的马料豆。

黄大豆

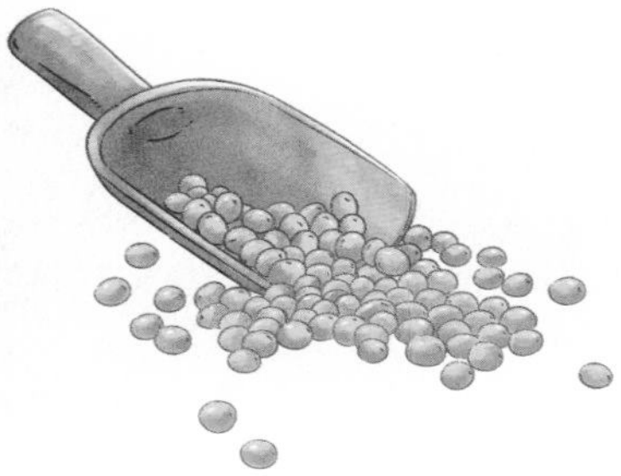

黄大豆

| 王宪明　绘 |

20世纪中期以后，中国的大豆产量虽然相继落后于美洲三国，但直到20世纪90年代，仍能基本满足国内的消费需求，并有部分出口。此后，随着中国大豆消费量的快速增长和大豆国际市场的不断扩大，美洲大豆进入中国市场，中国开始大量进口大豆。近20年来，虽然国产大豆的年均产量始终保持在1000万吨以上，但却远不能满足国内的用豆需求。在农产品国际贸易发展中，价格相对低廉、产量高、出油量多、田间管理简化的美洲转基因大豆不断进入并逐步占领中国市场。2017年，中国大豆进口总量达到9600万吨，是同年国产大豆总产量的6.6倍，中国成为世界最大的大豆进口国和消费国。

大豆制品

| 王宪明　绘 |

客观地说，进口大豆对中国大豆市场的影响具有两面性：一方面，中国人多地少，有限的耕地资源制约了种植业的大规模发展，进口大豆缓解了国内的消费需求，同时可以将有限的耕地用于主粮生产，以保障国家的粮食安全；另一方面，大豆进口量不断加大，中国市场对国外大豆过分依赖，国产大豆的市场因而受到严重影响。近20年来，中国大豆的种植面积和总产量在起伏中波动下降，亩产量增长缓慢，豆农的权益缺乏保障，有着几千年文明历史的中国大豆正在遭受美洲大豆的强烈冲击。

大豆是中华民族的“奇迹豆”，作为中国农业的重要发明之一，在漫长的历史岁月中哺育并供养了一代又一代的华夏儿女。大豆的故乡在中国，大豆产业的发展不能仅仅依赖于大豆种植能力的提高，而是要由种植生产、加工利用、交通运输、贸易出口、科学研究、协会组织等多个环节紧密配合，而这些环节又受到国家政治、经济、技术、文化等大环境背景的影响。因此，大豆产业的发展需要依靠国家统筹兼顾进行调控，同时由多方积极协同、完善供给，才能再创新的辉煌。

各类大豆制品

第五章

环球航行

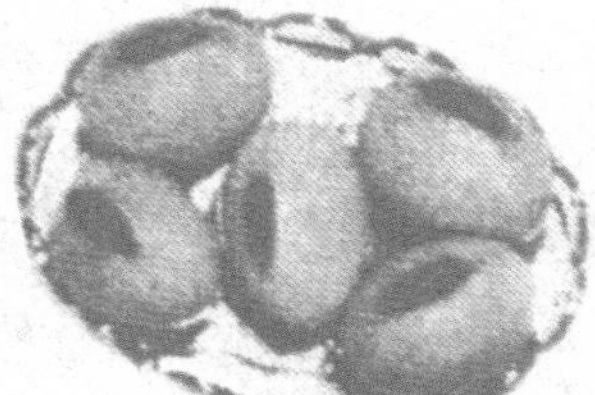

大豆在世界的传播

从历史的维度来看，大豆在中国有着悠久的栽培利用传统，然而大豆被引种传播于世界的时间却稍晚于稻、粟等其他古老栽培作物。大豆最早主要传播于亚洲地区，之后扩展到欧洲及美洲地区。素有『豆中之王』美称的大豆，开启了在不同文化间的环球旅程，各类大豆产品也在传播的过程中得到了本土化发展，根据不同地区的民族文化和饮食习惯，衍生出各式各样的大豆特色食品，且受到人们广泛的接受和喜爱。

第一节 光耀亚洲

亚洲地区是大豆引种和传播的第一个全球性地域圈。大豆种子在亚洲落地生根，各类大豆制品也被当地人所熟知。根据不同地区的民族文化和饮食习惯，人们创制出包括日本味噌、印度尼西亚天贝等符合当地人喜好的特色大豆制品，从而实现了在各国的本土化发展。

学术界一般观点认为，古代中国文化对东亚地区朝鲜、日本等国的影响，主要是通过两个途径实现的：一个是由中国大陆直接传到朝鲜或渡海传递到日本列岛，另一个是经由朝鲜半岛传至日本。大豆作为中华农业文明的珍贵文化基因、中国农业生产的重要作物品种，在中国与朝鲜半岛、日本地区漫长的历史交融中，被多次通过陆上和海上途径引种传播，在当地落地生根的同时，也逐渐形成了各具特色的大豆生产、利用和饮食消费习惯。

学界普遍认为，在公元前 200 年左右，大豆由中国大陆经东北地区被引至朝鲜半岛，然后自朝鲜传到了日本。也有人说，大约在 6 世纪，大豆经由中国东部沿海的海上线路被直接传到日本的九州岛。有资料记载，在日本山口县的宫元遗迹和群马县的八崎遗迹都曾有日本弥生时代的大豆遗存出土。传入日本以后，大豆适应了当地的自然环境并得以栽培种植。701 年，日本第一部法典《大宝律令》中最早出现了关于豆酱和豆豉记载的内容，而日本的第一部文学作品《古事记》和日本最早的正史《日本书纪》中也有关于大豆的神话故事记载。这说明，日本早在一千多年前就已普遍种植大豆。

8 世纪，东亚各国的政局相对统一，日本处在奈良时代（710—794 年），当时的日本天皇注重农耕和社会生产，促使国民经济得到较大发展。其间，日本通过不断向唐朝派遣使者与中国频繁往来，陆续引进并吸收了唐朝先进的科技、文化、艺术、建筑、衣食和风俗等，促进了本国的进步和发展。奈良时代建造的宝物殿——正仓院中收藏了大量从中国和亚洲其他地区搜集的珍宝。据说，在一些来自中国的中医药材中就有大豆，这与大豆最早是作为草药植物引入日本的说法相契合。

正仓院

丨王宪明　绘丨

与大豆一起东传的还有一些古老的豆制品，豆腐、豆酱等很早就出现在日本。而大豆在日本的本土化过程中又衍生出了极具日本特色的味噌、纳豆等大豆制品，从而形成了精彩纷呈的日本大豆饮食文化。

对于豆腐最早传入日本的时间和路径，学界说法不一，有唐初期传入说、南宋初年传入说、明代传入说以及经由朝鲜半岛传入说，等等，每一种观点的背后都有相关的故事或传说为依据。日本学者筱田统认为，日本最初出现类似豆腐的记载是在1183年，在“御菜种”中有“唐符”一词，他认为这可能指的就是豆腐。早期，豆腐还只是专供贵族和僧侣阶层食用。14—15世纪，日本的古文献中开始频繁地出现“豆腐”，可见这一时期豆腐已成为百姓生活的日常食品。江户时代天明二年（1782年）所出的《豆腐百珍》中记载了一百道豆腐菜肴的料理方法，并将其分为寻常品（26种）、通品（10种）、佳品（20种）、奇品（19种）、妙品（18种）、绝品（7种），共六个等级。此后，又相继推出《豆腐百珍续篇》《豆腐百珍余录》，各类豆腐菜肴随之在日本民间广为流传，深受欢迎。

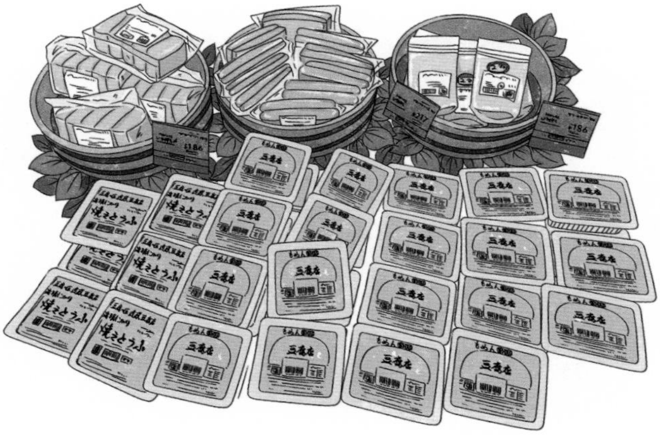

日本豆制品

| 王宪明　绘 |

在日本，较为常见的两个豆腐品种是木棉豆腐和绢豆腐。而日本人食用豆腐的方法也很丰富，如煎、炸、炖、做汤、凉拌等。现在，在日本多地的餐厅里可以吃到颇具特色的各类豆腐菜品，豆腐已经充分融入了日本国民的饮食文化，是餐桌上不可或缺的一道菜肴。

如今，在中餐馆里常见一道菜叫“石锅日本豆腐”，原料用的是日本豆腐，又名“玉子豆腐”。它兴起于日本江户时代，玉子是鸡蛋的意思。这种豆腐是用鸡蛋加上水和调味料制作而成，口感有点像中国的嫩豆腐。但无论是原料还是制作手法，中国传统豆腐同日本豆腐都是两种不同的食品。

木棉豆腐

| 王宪明　绘 |

又叫普通豆腐，质地较硬，弹性和韧性较强，类似于中国的卤水豆腐。

绢豆腐

| 王宪明　绘 |

水分较多，质地和口感软滑细腻，与嫩豆腐相似。

日本餐厅里的特色豆腐

| 王宪明　绘 |

日本餐厅里的麻婆豆腐

| 王宪明　绘 |

石锅日本豆腐

| 王宪明　绘 |

味噌是在日本广受欢迎的调味料之一，是以大豆为主要原料发酵制作而成，在日本具有长久的制作和发展历史。根据原料使用的多少、用曲比例的高低、操作手法的不同，做出的味噌不仅颜色不同，口感也各有差异。在日本，味噌主要是用于制作酱汤，或是烹饪肉类、蔬菜等的调味料。味噌汤是一道家常料理，日本人认为，不同地域的人所熬制的味噌汤的味道不同，享用味噌汤可以让人回忆起家乡往事，一碗豆腐味噌汤更是一道“精神料理”。味噌中富含植物蛋白质、食物纤维等营养物质，因而又是广受日本人欢迎的健康食品，在日常饮食中不可或缺。味噌则作为日本大豆食品的代表，传播到世界各地，被各国人民所广泛熟知。

日本瓶装味噌

| 作者摄于美国国家档案馆 |

制作味噌之蒸煮大豆[1]

制作味噌之加入曲和盐[1]

制作味噌之充分混合后入桶[1]

1 Charles V. Piper, William J. Morse. The Soybean. New York: Peter Smith, 1943: 247-249.

据《史记》《汉书·地理志》等记载，公元1世纪左右汉朝已与中南半岛的缅甸、越南等国有往来，三国时期东吴孙权黄武五年（226年），中郎将康泰、宣化从事朱应曾受命出使南海诸国，他是有记载的较早在东南亚地区进行交流活动的官员。唐代以后，随着海上丝绸之路活动的发展，从北方地区南下到东南亚地区的移民逐渐增多，其间交流活动日渐频繁，明代郑和下西洋标志着海上丝绸之路的兴盛。

目前已有资料对大豆最早引入东南亚地区各国种植时间的记载还不确切，而在各地出现关于大豆种植和生产活动的文字记载之前，已经先有了关于大豆制品的记载。据说，有人在爪哇岛地区的902年铜刻板铭文内容中发现了关于豆腐的记载，虽然并未明确提到大豆，但人们推测，由于豆腐很难直接从中国大量运达该地，所以很可能当地已有大豆种植以及豆腐制作。12—13世纪，出现了印度尼西亚东爪哇省外南梦地区栽种大豆和其他作物的故事记载。泰国、越南、柬埔寨、菲律宾等东南亚国家较早关于大豆制品的记载出现在17世纪左右，主要是通过荷兰东印度公司的海上贸易从东亚地区订购得来。18世纪左右，各地开始出现大豆在东南亚种植的文献记载。因此，大豆在东南亚地区的引种和传播时间晚于其在东亚地区的传播，也是通过陆上和海上路线多次同时进行的。

当前，大豆及其制品在东南亚地区人民的日常饮食中随处可见。该地区纬度较低、气候炎热，大豆传入以后，在本土化进程中衍生出符合当地特色的大豆食品。如东南亚地区喜食的油炸豆制品，又如印度尼西亚的天贝和泰式的豆浆等。

受到国土资源条件、作物品种资源和栽培技术等制约，印度尼西亚的大豆产量不高，但消费需求旺盛。近十年来，印度尼西亚一直是美国大豆的主要出口国之一。

天贝是印度尼西亚的一种特色大豆食品，又叫丹贝、天培等，属于大豆发酵制品。制作天贝需先将大豆脱皮、浸泡、接种根瘤菌，再用阔叶树的叶子将其包裹，利用根霉发酵制成。天贝可通过煎、炒、炖、蒸、炸等多种方式烹饪。经过发酵的豆饼蛋白质含量、蛋白质消化率、氨基酸含量等均得到提高，营养价值更高。天贝在印度尼西亚备受喜爱，每年消耗大量的大豆用于制作天贝，并将其传播到世界各地。天贝因富含优质的植物蛋白和多种维生素等营养物质，也深受天然食品爱好者和素食主义者的欢迎。

天贝食品

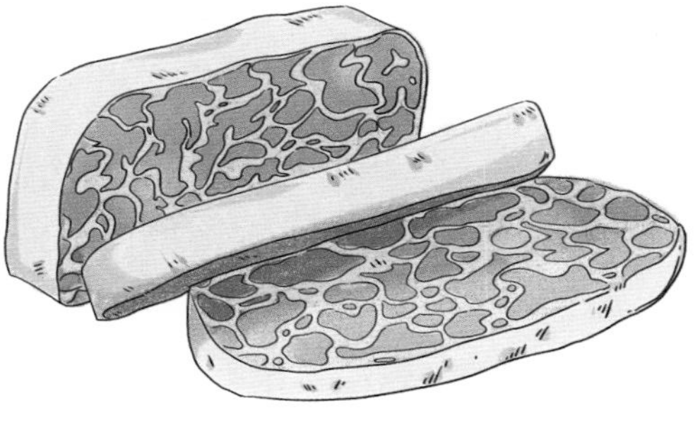
天贝
| 王宪明　绘 |

泰国的大豆种植范围和年产量虽然不高，但在泰国的商场、超市和街边集市上，大豆制品随处可见。曼谷连锁超市的货架上陈列着各类豆腐（绢豆腐、木棉豆腐和油豆腐等）、豆奶、大豆优格等豆制品，供顾客挑选。街边夜市上售卖豆浆和油条的小店客流量很大。

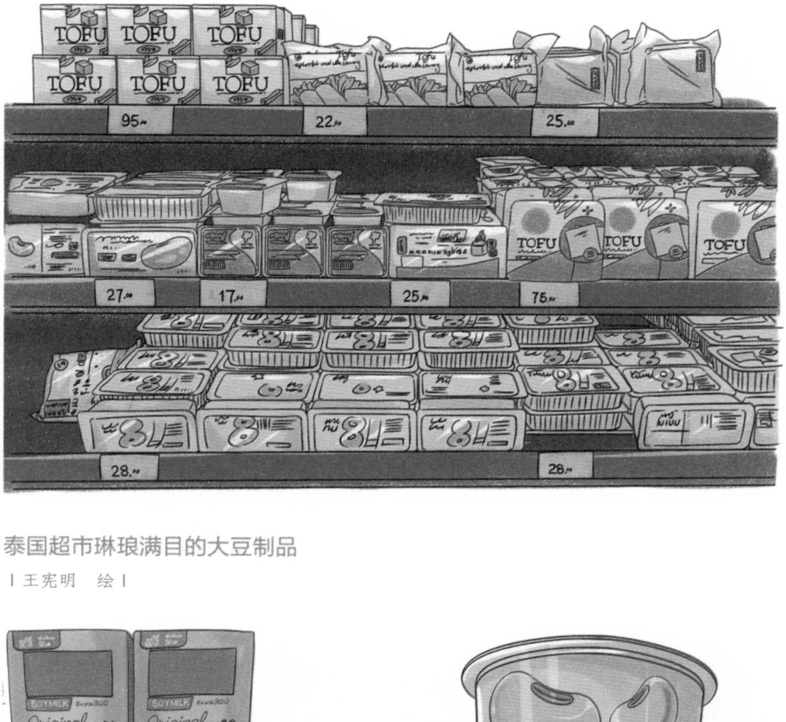

泰国超市琳琅满目的大豆制品

| 王宪明　绘 |

曼谷超市的豆奶饮品

| 王宪明　绘 |

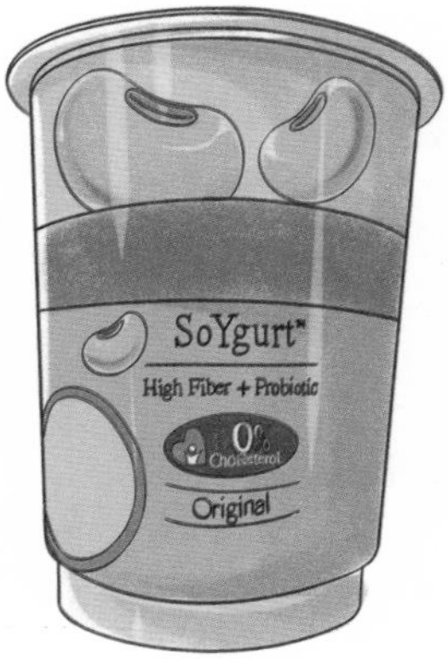

曼谷超市的大豆优格

| 王宪明　绘 |

夜市商贩将豆浆装入小塑料袋，加入薏米、大颗红色豆粒、西米、龟苓膏等配料，打包后搭配油条一起售卖。当地人还喜欢往豆浆里加入具有天然芳香和调色功能的植物香料，如香兰叶。将香兰叶打成汁，倒入豆浆，豆浆变成一抹绿色，同时又带着香兰叶的清香，是颇具东南亚特色的泰式风味豆浆。

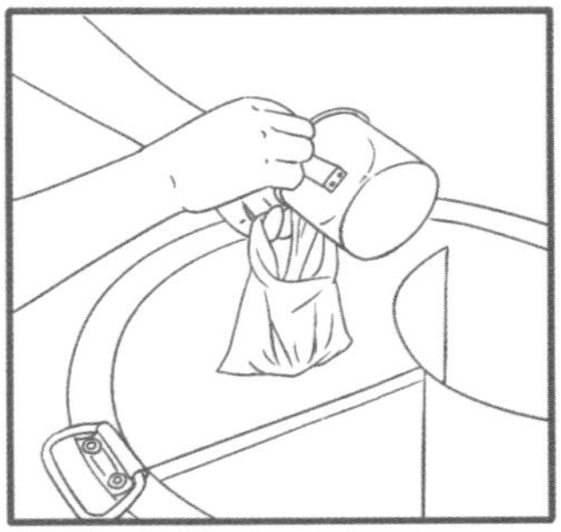

打豆浆

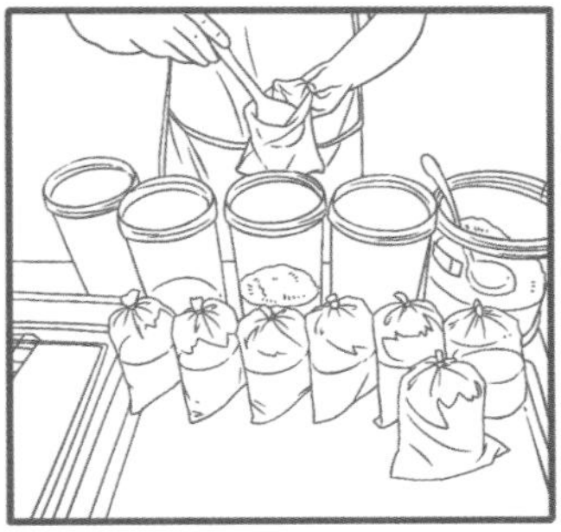

加入料

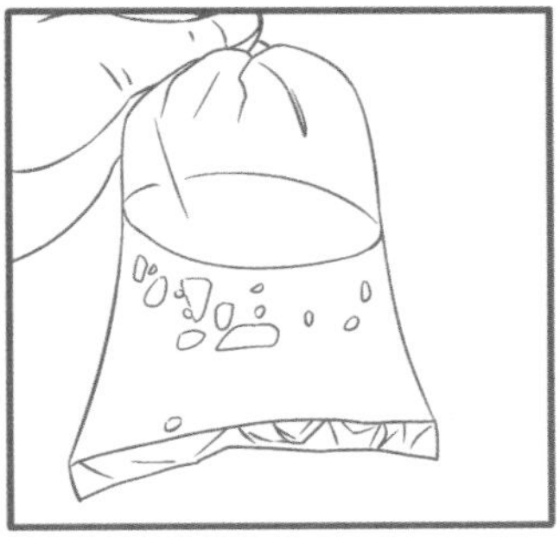

装成袋

待出售

豆浆和油条

泰国夜市售卖的豆浆

| 王宪明　绘 |

第二节 东方来客

自古以来，中华民族不但与亚洲近邻早有往来，而且一直勇于探索通往西方世界的道路。同样，欧洲人也在努力，探索能够抵达世界各地的新航路。随着欧洲海上强国的崛起、新航路的开辟和东西方贸易的加强，载着传教士、商人、海员等的商船不断出现在亚洲的海域上，东西方的海上贸易建立起来。

大豆随着东西方贸易的航船进入了欧洲，首先被欧洲人所认识的并非是大豆作物的植株和种子，而是东方神奇的大豆制品。东西方海上航线开辟以后，贸易往来不断，一些欧洲的传教士、商人先后随船队来到中国和日本等亚洲国家，他们在进行宗教传播和商业活动的同时，也领略了迥然相异的东方文化。他们中的一些人在所撰写的游记等书籍中介绍了在当地所见的豆腐、酱油这类欧洲人前所未闻的东方食品。

意大利佛罗伦萨的弗朗西斯科·卡莱蒂（Francesco Carletti）曾经到访过日本的长崎一带。1597 年，他在回忆录中写道：“那里的人们用鱼肉制成各个品种的菜肴，在用餐的时候他们会配上一种叫作酱（油）的特殊调味品一起食用，这种调味品是由当地盛产的一种豆子作为原料进行加工发酵制成的，用餐的时候配上一点会让菜肴变得更加美味。”西班牙传教士闵明我（Domingo Fernández Navarrete）曾在明末时期来到中国传教，并游历了东南亚的菲律宾等国。他的日记在1665年出版，其中记有：“我需要详细地介绍一种在中国很常见的、非常平民化的食物，叫作豆腐，虽然我不知道当地的人们具体是如何将它制作成功的，大致的过程是他们把豆子研磨的汁水过滤后，将剩下的部分做成颜色呈白色，形态类似奶酪的块状食物，也就是豆腐了，人们通常会将豆腐煮熟后再配上蔬菜和鱼肉等一起食用……”日本江户时代的德川幕府实行闭关锁国政策，仅与中国、朝鲜和荷兰等少数国家通商。17世纪中期，日本酱油通过荷兰东印度公司运销东南亚等地，受到当地居民的欢迎，后被传入欧洲。1679年，英国学者约翰·洛克（John Locke）在他的日记中写道：“伦敦现在有两种从东印度群岛地区进口的产品——分别是杧果酱和酱（油）。”

酿制中的酱油[1]

制成的酱油[1]

1 Charles V. Piper, William J. Morse. The Soybean. New York: Peter Smith, 1943: 254-255.

德国生物学者恩格柏特·坎普法（Engelbert Kaempfer）首先将大豆作物的利用方法介绍到欧洲。1690年，他作为荷兰东印度公司商船的随行医生到达日本长崎岛，并停留了两年多时间。回到欧洲以后，于1712年出版《可爱的外来植物》、1727年出版《日本史》，详细记录了当时日本社会的政治、文化、宗教、动植物等情况，其中就包括用大豆制作酱油和味噌的方法。

随着欧洲社会对大豆关注度的提高，从18世纪起，多个国家陆续引入大豆并进行试种。据记载，大豆种子最早可能是在1739年由一名传教士从中国寄到了法国，并于1740年首次在巴黎植物园种植。1779年有了关于大豆种植的确切记载后，陆续出现了大豆试种和成熟后收获的记录。早期大豆主要是在植物园和自然博物馆内进行试种，后来曾有农业协会派发种子在小部分地区尝试种植，但一直没能获得大规模的推广。直到1880年，威马安德里厄种子公司从奥地利引进了新豆种，大豆才在法国得到更多的种植。

此外，在英国一些店铺的商品广告中曾有："有最新从东印度群岛进口来的一种优品豆酱（油），在本店可供批发或零售。"英国种植大豆则要到18世纪末期。1790年，沃尔特·尤尔（Walter Ewer）从东印度群岛地区将一种大豆种子带回英国，并在皇家植物园邱园种植，七八月份开花成熟。受大豆品种有限、自然环境适应性、饮食习惯差异等因素影响，大豆在英国的推广种植范围有限。此外，18世纪中期的意大利和18世纪末期的德国也有关于大豆早期种植的记载。

可见，早期大豆在欧洲未能得到大规模的推广种植，而真正推动大豆在欧洲进一步种植与发展的是德国植物学家弗里德里希·哈伯兰德（Friedrich Haberlandt）。1873年，奥地利政府宣布举办世界博览会，有 30 多个国家、成千上万件展品参加了展览，其中就包括来自中国的大豆。世博会期间参展的豆种引起了国外参会代表和一些学者的关注。哈伯兰德教授在博览会上共获得了多个大豆种子，分别是来自中国的 5 个黄粒种、3 个黑粒种、3 个绿粒种、2 个棕红粒种，来自日本的 1 个黄粒种、3 个黑粒种，来自外高加索的 1 个黑粒种以及来自突尼斯的 1 个绿粒种。这些宝贵的大豆品种也成为他日后开展大豆研究的重要资料。

博览会后，哈伯兰德教授在维也纳皇家农学院试验场中对来自不同国家的大豆种子进行了品种比较试验，结果来自中国的 4 个大豆品种试种成功，且相比其他品种，油脂和蛋白质含量均较高。1876 年，他在维也纳农业杂志上发表了关于大豆品种试验和栽培经验的报告，充分肯定了大豆作物的价值。此外，他还将试种成功的大豆品种分发到匈牙利、波希米亚等 20 多个地区试种，并在次年得到了各地的反馈。1877 年，他又将品质优秀的豆种推广到德国、波兰等 100 多个欧洲国家和地区。1878 年，他将自己关于大豆的研究成果进行综合整理，出版了《大豆》一书。可以说，哈伯兰德是欧洲进行大豆系统研究的开拓者、欧洲大豆产业的先驱，他在大豆方面的先导性工作，很大程度地促进了大豆在欧洲乃至之后在美洲的种植和推广。

维也纳世博会的圆顶大厅罗托纳达

| 王宪明　绘 |

20世纪以后，对大豆及其制品在欧洲传播和推广曾做出过巨大努力的是李煜瀛先生。李煜瀛又名李石曾，1902年在法国留学期间学习农学，后来在法国大豆食品开发和中法文化交流等方面都做出过重要贡献。

李煜瀛留学期间进入了巴黎的巴斯德研究所，主要从事大豆生物化学方面的研究，并出版了专著《大豆》，其中对大豆的生物学特性、加工利用、营养价值等进行了详细阐述。1912年，李煜瀛与法国农学家合作出版了法文版《大豆》（*Le Soja*），后被翻译成英语、意大利语、德语等多个语言版本，对大豆及其制品后来在欧洲的本土化发展产生了重要影响。此外，他还曾发表《豆腐为二十世纪全世界之大工艺》《大豆工艺为中国制造之特长》等著述。

李煜瀛

曾提道：

现在西人尚少食之者，然将来未必不能普及也。

中国之豆腐为食品之极良者，其性滋补，其价廉，其制造之法纯本乎科学。

西人之牛乳与乳膏，皆为最普及之食品；中国之豆浆与豆腐亦为极普及之食品。就化学与生物化学之观之，豆腐与乳制无异，故不难以豆质代乳质也。且乳来自动物，其中多传染病之种子；而豆浆与豆腐，价较廉数倍或数十倍，无伪作，且无传染病之患。

中文版《大豆》[1]

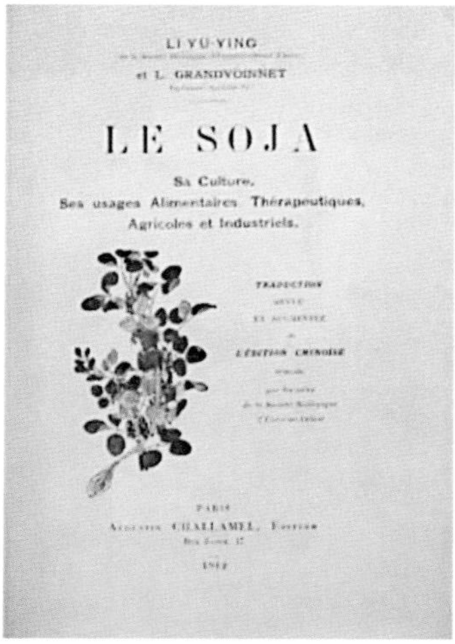

法文版 *Le Soja*[2]

为了在法国更好地研究和推广大豆及其制品，1908 年，李煜瀛在巴黎郊区小城科伦布创办了一家豆腐厂，尝试利用生物化学方法制造豆腐。据说，工厂当年的规模可观，厂房内设电机设备、化学研究室、办公室等，有近百位工人，多数是来自李煜瀛家乡的青年。为了提高工人的文化素养，豆腐厂的工人们白天做工，晚上学习，李煜瀛还亲自为他们编写教材。豆腐厂除了生产豆腐，也生产一些迎合法国人口味的豆仁可可、豆仁咖啡、点心罐头等食品，受到人们的喜爱。1911 年 1 月，当地新闻记者以录像的形式记录了当时工厂的情况。为了在法国推广豆腐，李煜瀛还开办了一家“中华饭店”，这也是法国的第一家中餐馆。饭店除了销售中国的传统菜品，还推出各类豆腐菜肴供顾客选择。

李煜瀛通过创办豆腐工厂和生产推广大豆制品积累了经验，继而同蔡元培等人发起勤工俭学活动，招收有理想、有信念，但经济困难的青年学生前往法国边工作边学习，前后有数千名学生参加，其中就有周恩来、邓小平等后来中国革命的杰出领导者。

---

1 李煜瀛．大豆．巴黎远东生物学研究会刊行，1910.

2 Li Yuying, L. Grandvoinnet. Le Soja. Paris: Les Soins de la Société Biologiqued' Extrême-Orient, 1912.

据说，孙中山先生曾在1909年到巴黎的豆腐工厂参观。他在《建国方略》中对中国的大豆制品和豆腐工厂给予了高度评价。

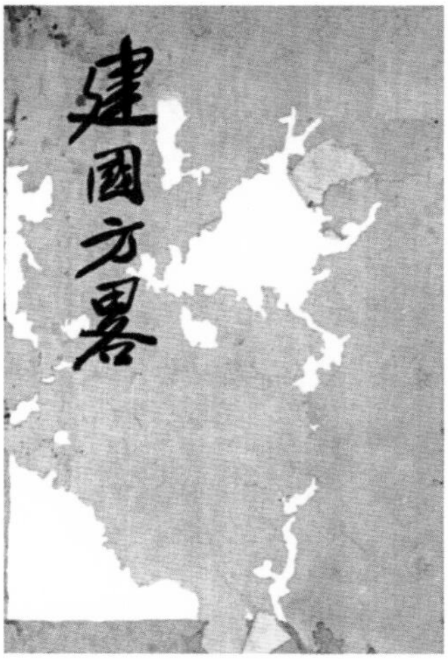

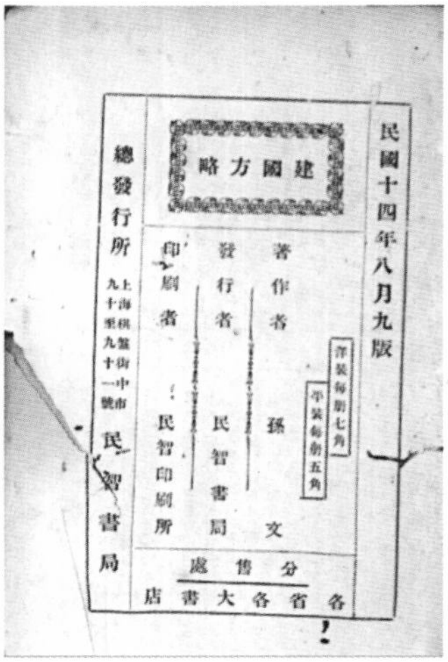

孙中山《建国方略》[1]

孙中山

在《建国方略》中写道：

近年生物科学进步甚速，法国化学家多伟大之发明，如裴在輅氏创有机化学，以化合之法制有机之质，且有以化学制养料之理想；巴斯德氏发明微生物学，以成生物化学；高第业氏以生物化学研究食品，明肉食之毒质，定素食之优长。吾友李石曾留学法国，并游于巴氏、高氏之门，以研究农学而注意大豆，以与开“万国乳会”而主张豆乳，由豆乳代牛乳之推广而主张以豆食代肉食，远引化学诸家之理，近应素食卫生之需，此巴黎豆腐公司之所由起也。夫中国人之食豆腐尚矣，中国人之造豆腐多矣，甚至穷乡僻壤三家村中亦必有一豆腐店，吾人无不以末技微业视之，岂知此即为最奇妙之有机体化学制造耶？岂知此即为最合卫生、最适经济之食料耶？又岂知此等末技微业，即为泰西今日最著名科学家之所苦心孤诣研求而不可得者耶？

1 孙中山. 建国方略. 上海：民智书局，1925.

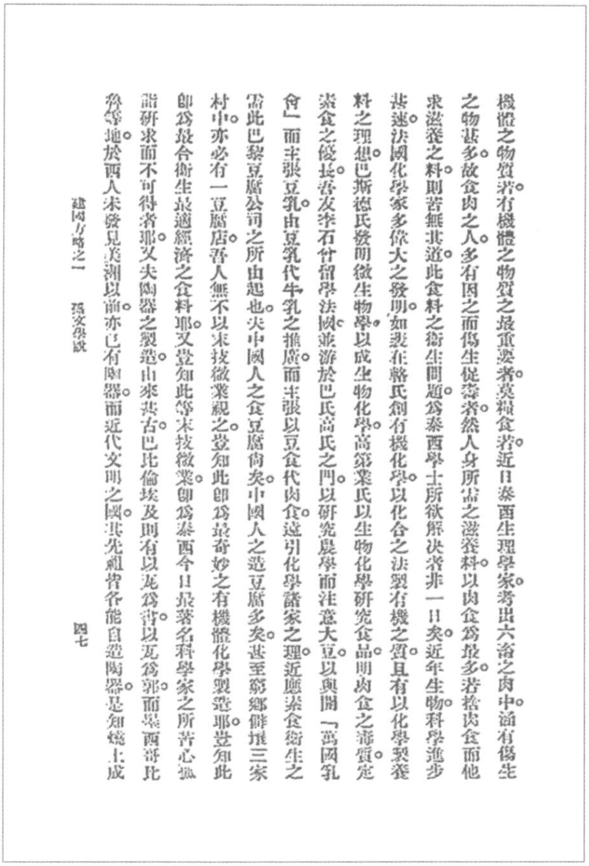

機體之物質。若有機體之物質之最重要者。莫糧食。若近日泰西生理學家考出六畜之肉中。涵有傷生之物甚多。故食肉之人。多有因之而傷生促壽者。然人身所需之滋養料。以肉食為最多。若捨肉食而他求滋養之料。則苦無其道。此食料之衛生問題。為泰西學士所欲解決者非一日矣。近年生物科學進步甚速。法國化學家多偉大之發明。如裴在輅氏創有機化學。以化合之法製有機之質。且有以化學製養料之理想。巴斯德氏發明微生物學。以成生物化學。高第業氏以生物化學研究食品。明肉食之毒質。定素食之優長。吾友李石曾留學法國。並游於巴氏高氏之門。以研究農學而注意大豆。以與開「萬國乳會」而主張豆乳。由豆乳代牛乳之推廣。而主張以豆食代肉食。遠引化學諸家之理。近應素食衛生之需。此巴黎豆腐公司之所由起也。夫中國人之食豆腐尚矣。中國人之造豆腐多矣。甚至窮鄉僻壤三家村中。亦必有一豆腐店。吾人無不以末技微業視之。豈知此即為最奇妙之有機體化學製造耶。豈知此即為最合衛生最適經濟之食料耶。又豈知此等末技微業。即為泰西今日最著名科學家之所苦心孤詣研求而不可得者耶。又夫陶器之製造。由來甚古。巴比倫埃及則有以泥為宮。以瓦為郭。而墨西哥比秘魯等地。於西人未發見美洲以前。亦已有陶器。而近代文明之國。其先祖皆各能自造陶器。是知燒土成

建國方略之一　孫文學說　四七

《建国方略》中关于大豆的记载[1]

1 孙中山．建国方略．上海：民智书局，1925.

第三节

远渡重洋

新航线的不断开辟改变了各大洲之间相互隔绝的状态，将东西方世界连接成了一个整体。航海大发现后，通过各种形式的贸易和交换活动，原产于中国的大豆在世界各地传播。而美洲地区引入大豆的时间比亚洲和欧洲要晚一些。

1750年，美国（当时是英属北美殖民地）的《纽约公报》曾刊登纽约华尔街一家商铺的广告称："华尔街的罗谢尔和夏普进口了来自英国伦敦商船上的一些商品并在低价出售，包括有高档和中档的绒面呢、熊毛皮……咸菜、芥末……绿茶、胡椒……瓶装腌制蘑菇、腌制洋葱、酱（油）等一批价格优惠的商品……"，可见大豆制品此时已有出现。至迟在18世纪中期以后，大豆陆续经过多种路径被多次引种到北美大陆，引入后的大豆没有立刻得到大规模地推广种植，而只是在个别州零星试种和加工利用。此后，大豆在美国经历了一百多年的持续引种和缓慢发展时期。

从19世纪下半叶开始，随着美国农业部、赠地大学、农业试验站、农业推广站的相继建立，大豆在美国的引种和推广得到了有力的支持。这一时期主要是由美国高校的农学家通过在欧洲、日本等地进行农业交流和教学的机会，将当地经过改良、品质较好的大豆品种引入，再由多个农业试验站试种。到19世纪末期，美国各州的农业试验站基本都已开展了大豆种植或品种比较试验，并逐年对其种植、生产和利用大豆的情况进行详细记载。各州的试种报告显示，大豆作物更适于用作牧草或动物饲料，此时大豆的价值尚未得到充分开发，利用率还不高。此后，人们对大豆的认识逐步深入，意识到大豆具有食用价值，其加工后的副产品豆油和豆粕则适合用作工业生产原料，如可用于肥皂、油漆等工业制造业。随着大豆经济价值的彰显，中国东北地区的大豆三品相继出口到英国、德国、美国等国家和地区。1898年，美国农业部作物引种办公室正式成立，引种局的作物学家和农学家陆续前往世界各地，采集和引进当地的作物品种。被引入美国的作物品种都需通过作物引种命名系统进行统一编号。这期间，不同国家和地区的大豆品种也被持续地采集和引入美国。

弗吉尼亚州大豆品种[1]

美国第一台大豆联合收割机试工[2]：伊利诺伊州嘉伍德农场，1924年

1 Charles V. Piper, William J. Morse. The Soybean. New York: Peter Smith, 1943: 170.

2 American Soybean Association. First Soybean Combine. Soybean Digest. 1944(11): 26.

1929—1931 年多塞特和摩尔斯在亚洲地区的大豆采集与调研活动

| 作者摄于美国国家档案馆 |

酱的制作

日本菜用大豆种植

制作中的日本味噌

酱的制作、日本菜用大豆种植和制作中的日本味噌：1929—1931 年多塞特和摩尔斯在亚洲地区的大豆采集与调研活动

| 作者摄于美国国家档案馆 |

从 1898 年起，陆续有来自不同国家的豆种通过作物采集活动被引入美国。美国国家档案馆陈列着多幅由农学家在中国、日本等地考察时拍摄的照片。通过大豆新品种的试种和品种比较试验，他们发现大豆不仅适于在美国南方地区作牧草种植，而且适合在中部玉米带以及北方地区种植，以收获豆粒、进行加工利用。20 世纪初期以后，大豆在美国的种植面积不断扩大，总产量和出口量也不断提高。1954 年，美国超越中国成为世界第一大大豆生产和出口国，大豆在美国进入快速产业化发展阶段。

弗兰克·梅耶尔（Frank N. Meyer）
受美国农业部派出，曾在中国进行作物采集活动，并将上千种作物品种输入美国

帕列蒙·多塞特（Palemon H. Dorsett）[1]（左立）
受美国农业部派出，曾与查尔斯·皮珀（Charles V. Piper）前往亚洲地区进行大豆品种采集与调研活动，他们分批次寄回了多个大豆品种

1 Nelson Klose. America's Crop Heritage: the History of Foreign Plant Introduction by the Federal Government. Iowa: Iowa State College Press, 1950.

受大豆品种的多样化、大豆生产技术的发展、大豆产业机械化的完善、国家大豆政策的支持、大豆组织机构的建设、大豆科研教育推广的深入等有利条件影响，美国逐步形成了以中部玉米带为最主要产区，北部大湖区、北部平原区、南部三角洲地区协同发展的大豆产业化生产布局。在不同的历史发展时期，各大豆主产区还呈现出各自的生产变化和特色。

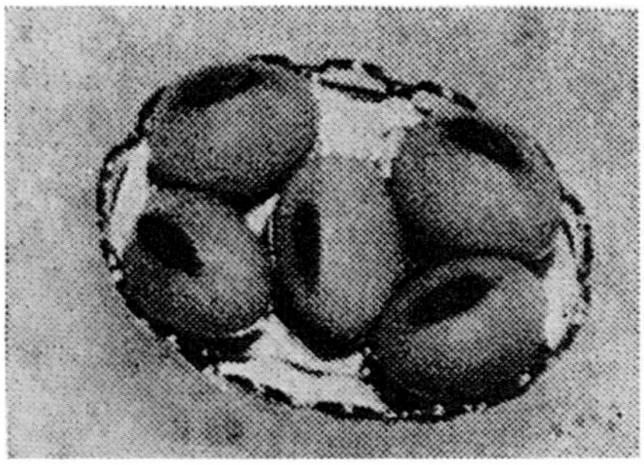

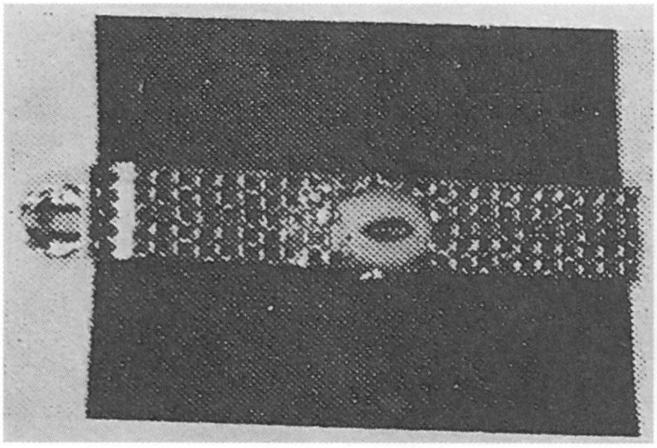

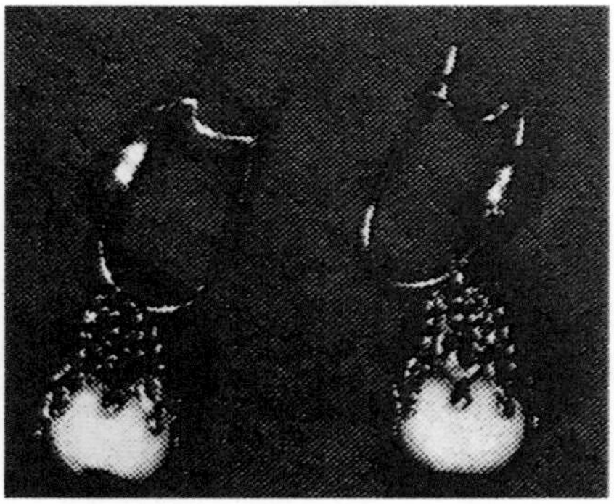

大豆袖扣、领带扣和大豆耳环 [1]

为了在美国本土更好地推广大豆，美国大豆协会充分发挥大豆的文化价值，开发出各种以大豆为主题的周边产品，如将大豆制作成首饰、配饰等日常消费品。

1 American Soybean Association. Soybean Jewelry. Soybean Digest, 1969(2): 31.

由于美国人没有食用大豆类食品的传统，为了更好地进行推广，早期一些书籍、杂志经常会介绍大豆的食用价值。美国国家档案馆现在还存有一些记载以大豆为原料制作沙拉、面包、饼干和烤制食品等的资料，并附有相关食谱。

为了进一步扩大大豆在美国的种植范围，开拓美国大豆的海外市场，保障美国豆农的切身利益，带动大豆产业链经济和促进国家出口贸易发展，美国大豆协会、美国各州大豆豆农、农业化学公司等机构积极开展合作，共同致力于美国大豆产业在国内市场的推广和海外市场的拓展。

CONTRIBUTED BY HARRIET COATES

SOY BEANS BOILED WITH HAM SHANK. The ham shank, which is looked upon by many housewives as of small importance, may be utilized not only to serve as meat for the family meal, but for the seasoning for many a savory dish. The following recipe for boiling soy beans with a ham shank will be found to be not only an appetizing one, but it will afford an opportunity to use up part of the ham bone: Soak one cupful of soy beans for twelve hours. Put them into a stewpan with the ham bone and cover with water; add one onion stuck with a clove, and let this boil until the beans are tender; then drain, and serve the beans on a hot platter with the ham bone.

美国的大豆食谱

| 作者摄于美国国家档案馆 |

美国大豆协会每年都会在大豆主产州组织举办全国“大豆公主”（Princess Soya）选拔活动。“大豆公主”是美国的大豆形象代言人。协会期望挑选容貌出众、姿态优雅、富有个人魅力且能很好地理解和诠释美国大豆故事的青年女性，作为美国“大豆公主”，代表美国的广大豆农参与大豆推广活动，以推动美国大豆产业的发展。

1969 年，来自明尼苏达州的朱莉·卡尔森（Julie Carlson）战胜了其他大豆主产州的参赛者，获得了美国“大豆公主”的称号。卡尔森是明尼苏达大学的大一新生，她的父亲是一名当地农户，他的农场每年种植大豆上百英亩[1]。次年 3 月，受美国大豆相关企业、美国大豆协会和美国农业部外国农业事业部赞助，卡尔森同伊利诺伊、俄亥俄、艾奥瓦等 9 个州当年的大豆种植冠军组成美国大豆代表团，从洛杉矶出发，开启了一次“大豆日本行”的考察和宣传之旅。

美国“大豆公主”朱莉·卡尔森[2]

1 1 英亩=4046.86 平方米。

2 American Soybean Association. Princess and Champs to Go to Japan. Soybean Digest, 1969(2): 9.

美国大豆代表团一行参观日本养牛场[1]

在日本考察期间，代表团在东京和京都两地参观了豆制品加工厂，观摩了烹饪学校的展示，参加了媒体发布会，拜访了日本当地家庭，深入了解了日本的大豆加工和消费情况。“大豆公主”也向日本媒体和大众介绍了美国大豆的种植产量、品质保证、供应情况等。此次活动在加深美日大豆文化交流的同时，进一步开拓了美国大豆在日本的消费市场。

美国大豆代表团日本之行活动[2]

1 American Soybean Association. Champs Saw Our Markets in Japan. Soybean Digest, 1970(8): 10.

2 American Soybean Association. Champs Saw Our Markets in Japan. Soybean Digest, 1970(8): 94.

到 21 世纪，美国大豆生产进入了全新的发展阶段。生物技术在大豆育种研究中的应用取得了重大突破，转基因大豆问世。1996 年，美国抗草甘膦转基因大豆进入商业化生产，转基因大豆最初只占全美大豆种植总面积的 7.4%。2017 年年底，转基因大豆的种植比例已高达 94%。如今，美国是世界第一大大豆产出国，全美有 20 多个州大规模、高度机械化地生产大豆，从种子培育到田间种植、从收获到运输、从加工到出口，形成了一条完整的产业链，大豆产业成为美国农业经济中的重要部分。

一望无际的大豆田

| 作者摄于美国农场 |

大豆传入南美地区的时间相对更晚，大概要到19世纪末期。1882年，农艺工程师古斯塔沃·杜特拉（Gustavo Dutra）最早在巴西东北部的巴伊亚州地区种植了几个大豆品种。巴西东南部城市坎皮纳斯农艺所于1887年成立，并从1889年开始向附近有种植意愿的农民分发大豆种子，之后其他地区陆续开始试种，如1900年巴西南部的南里奥格兰德州农艺学校的大豆种植试验。

19世纪末20世纪初，在工业革命的推动下，为了不断寻求海外市场和掠夺原材料，资本主义海外扩张在全球蔓延，国际范围内的大规模人口迁移随之出现。受当时国际社会环境和日本国内变革的影响，从1908年开始，大批日本移民来到巴西。日本移民为大豆在巴西的种植和推广起到重要作用。在巴西南部的圣保罗等地，日本移民辛勤劳作，在从事咖啡种植和生产工作之外，他们开辟荒地或利用庭院种植大豆，制作豆腐、酱油、豆酱等大豆制品，以满足本民族的传统饮食消费需求。

大豆

从1910年开始，巴西、墨西哥、阿根廷、巴拉圭等南美洲国家不断出现关于大豆作物和大豆制品的文献记载。20世纪40年代，巴西南部的南里奥格兰德州等地多有大豆种植，且进行小规模的商品化生产和出口。第二次世界大战期间，全球性的食物短缺又使大豆在美洲地区获得了更多关注。

到20世纪70年代以后，巴西的大豆生产进入飞速产业发展阶段，在大豆主产区逐步拓展的同时，大豆总产量也逐年快速增加。90年代，南部传统大豆产区栽培面积已基本稳定，大豆生产以家庭农场为主。随着政府对大豆鼓励政策的推动和大豆新品种的培育，中西部稀树草原区和热带地区逐渐发展成为巴西最大的大豆连片种植区域，且以大型农场生产为主。此外，东北部和北部地区也有少量的大豆种植和生产。

在产区不断扩大的同时，巴西大豆的年产量也在近半个世纪出现了大幅增长。联合国粮农组织的官方数据显示，1961年，巴西的大豆种植面积低于100万公顷[1]，年总产量约为27.1万吨，仅占世界大豆总产量的1%左右；到20世纪末，种植面积已扩大到1000多万公顷，年总产量高达3000多万吨，占世界大豆总产量近20%，成功跃升为世界第二大大豆生产国。进入21世纪以后，巴西大豆生产依然保持了快速增长的趋势，到2016年，大豆总产量达9600万吨，占世界大豆总产量的28.8%。半个世纪以来，巴西大豆总产量激增上百倍，在不断扩大种植面积、提高产量的同时，巴西大豆的国际市场占有量也持续增加。随着新的大豆生产区的开发、农牧轮换方式的实施和供应链体系的完善，未来巴西大豆增产潜力依然可观。

---

1 1公顷=10000平方米。

据文献记载，大豆最初在阿根廷的种植可以追溯到1862年，但当时试种的大豆品种并不适应当地的自然条件。1880年前后，阿根廷西部门多萨省的一位法国葡萄酒商人提出，希望通过种植大豆来改善葡萄种植园的土壤。1909年，阿根廷中部普里梅罗河畔的科尔多瓦农业试验站开始种植大豆，通过连续的品种试验，人们发现早期在当地种植的大豆适合用作田间绿肥、动物饲料，收获豆粒也可用来榨油，剩下的豆饼则可喂养牲畜。

20世纪60年代以后，一些农业研究所、高校和公司共同合作，致力于推动阿根廷不同地区的大豆科研和试验项目。1996年，阿根廷开始引进栽培由美国孟山都公司开发的抗除草剂转基因大豆，之后几年，转基因大豆在各个产区快速扩展，并很快实现了全部的转基因化种植。之后的短短几十年间，阿根廷大豆的年产量出现剧增，2016年总产量达到5880万吨，占世界大豆总产量的17.6%，成为世界第三大大豆生产国。

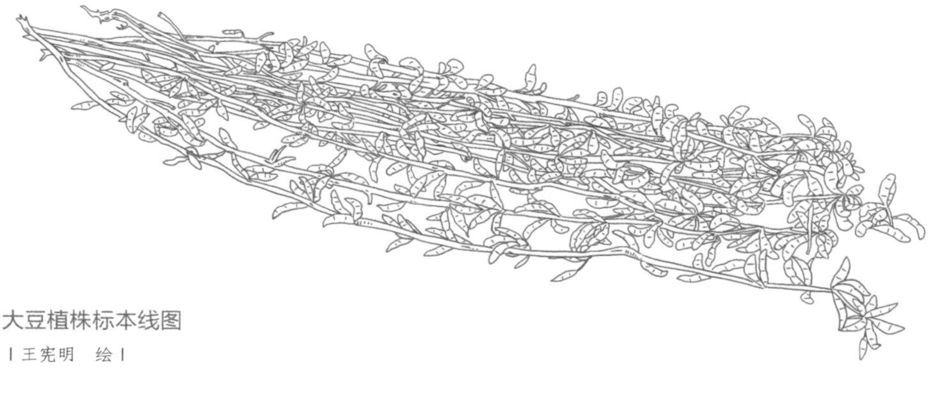

大豆植株标本线图

| 王宪明　绘 |

第六章

多彩斑斓

大豆的多重价值

大豆起源于中国，其种植和利用的历史悠久。数千年来，大豆因其丰富多样的用途成为人们生产生活中不可或缺的重要作物，在历史的长河中闪烁着灿烂的光华。作为中国农业的重要发明之一，大豆在中国乃至世界文明的发展进程中都起到了不可忽视的作用。『不辞其小用，方能成其大用』，大豆的价值主要体现在食用、经济、生态和文化等诸多方面。

第一节 绿色牛乳

大豆被称为『奇迹作物』，具有迥异于其他植物的营养成分和利用价值。在物质匮乏、肉食稀缺的年代，尤其是在果腹之粮不足的古代，大豆以肉食替代品之姿解决了普通民众的蛋白质缺乏问题，养育了无数的中华儿女。

人类的生长发育和生命活动都离不开营养素的供给，蛋白质、糖类、维生素和矿物质等人体必需的营养物质可以通过日常饮食获得。人体通过对食物营养的吸收和利用来维持机体的平衡与健康。

大豆中含有蛋白质、脂肪、糖类等丰富的营养成分，但因受不同大豆品种、栽培方法、地域环境的多重因素影响，大豆中的各类营养成分含量也有所差异。

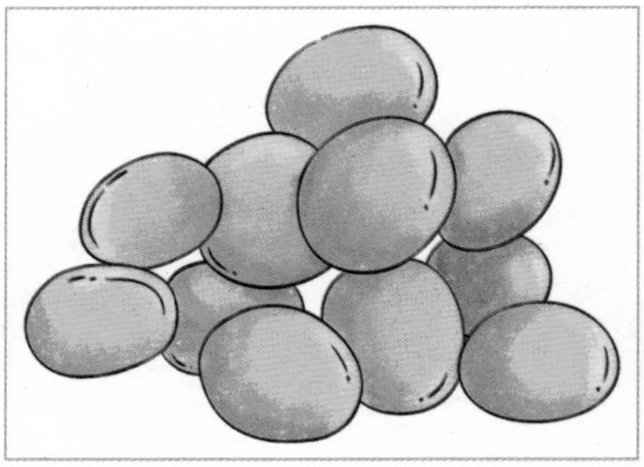

大豆

| 王宪明　绘 |

富含优质营养素

在可大面积种植和食用的作物中，大豆的蛋白质含量最为丰盛，普通的中国大豆品种含有40%左右的蛋白质，含高蛋白的特殊品种甚至可以达到50%左右，远远超过小麦、稻等作物，因此，大豆被誉为“植物蛋白之王”。大豆蛋白不仅含量高，而且品质好，更适宜人体所需，其氨基酸组成与牛奶蛋白质的氨基酸组成接近，除蛋氨酸较低，其他几种人体必需氨基酸含量都较丰富，属于植物性的全价蛋白，在营养价值上可比拟动物蛋白。此外，大豆蛋白又有着动物蛋白所不具备的自身优势，对人体的发育和健康有着重要作用。因此，大豆及其制品很好地保证了中国古代先民对蛋白质的摄取需求，在人们日常生活中的食用价值也显而易见。

大豆中含有一定量的脂肪，部分高脂品种能达到20%以上。大豆脂肪中有85%左右是不饱和脂肪酸。不饱和脂肪酸具有维持人体细胞的正常运作、降低胆固醇和甘油三酯、合成前列腺素、改善血液微循环、增强记忆力和思维能力等功能。不饱和脂肪酸中的亚油酸和亚麻酸无法由人体自身合成，只能通过膳食补充。所以，大豆脂肪是适宜人体所需的优质脂肪。

此外，大豆中还含有糖类，其中最主要的是低聚糖。低聚糖有利于双歧杆菌等有益菌的增殖，从而调节肠胃功能，提高人体的免疫力。大豆中还含有一定量的生物活性物质，包括异黄酮、皂苷、甾醇、磷脂等，其价值可观，应用潜力巨大。

食疗和医药价值

中医药文献中，大豆及其制品曾多次出现。《黄帝内经·素问·藏气法时论》中记载：“脾色黄，宜食咸，大豆、豕肉、栗、藿皆咸。”论述了如何用大豆治疗脾脏疾病。《神农本草经》中有：“大豆黄卷，味甘平，主湿痹，筋挛，膝痛。生大豆，涂痈肿，煮汁饮，杀鬼毒，止痛”，可见东汉时期已对大豆黄卷和生大豆的用法、疗效有了详细研究。《延年秘录》记述：“大豆为五升，如做酱法，取豆捣末，以猪肝炼膏，和丸梧子大，每服百粒，温酒服下，可令人长肌肤，益颜色，填骨髓，加气力，补虚能食。”则翔实记录了大豆猪肝丸的神奇功效。

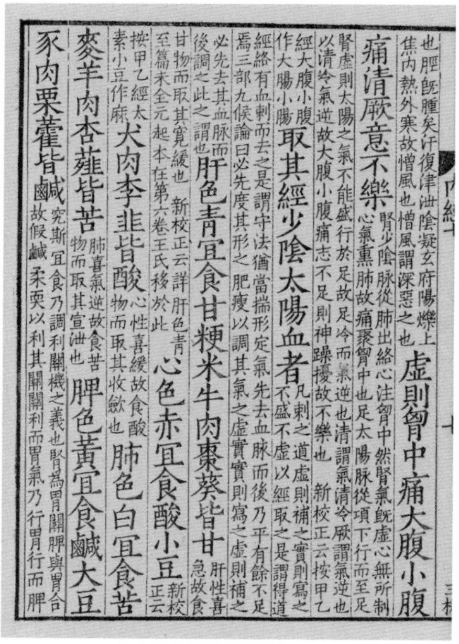
也脛既腫矣汗復津泄陰疑玄府陽爍上焦內熱外寒故憎風也憎風謂深惡之也虛則胷中痛大腹小腹
痛清厥意不樂腎少陰脉從肺出絡心注胷中然腎氣既虛心無所制心氣熏肺故痛聚胷中也足太陽脉從項下行而至足
腎虛則太陽之氣不能盛行於足故足冷而氣逆也清謂氣清冷厥謂氣逆也以清冷氣逆故大腹小腹痛志不足則神躁擾故不樂也新校正云按甲乙
經大腹小腹作大腸小腸取其經少陰太陽血者凡刺之道虛則補之實則寫之不盛不虛以經取之是謂得道
經絡有血刺而去之是謂守法猶當揣形定氣先去血脉而後乃平有餘不足焉三部九候論曰必先度其形之肥瘦以調其氣之虛實實則寫之虛則補之
必先去其血脉而後調之此之謂也肝色青宜食甘粳米牛肉棗葵皆甘肝性喜急故食
甘物而取其寬緩也新校正云詳肝色青至篇末全元起本在第六卷王氏移於此心色赤宜食酸小豆新校正云
按甲乙經太素小豆作麻犬肉李韭皆酸心性喜緩故食酸物而取其收斂也肺色白宜食苦
麥羊肉杏薤皆苦肺喜氣逆故食苦物而取其宣泄也脾色黃宜食鹹大豆
豕肉栗藿皆鹹究斯宜食乃調利關機之義也腎為胃關脾與胃合故假鹹柔耎以利其關關利而胃氣乃行胃行而脾

中医文献里的大豆：王冰《重广补注黄帝内经素问》，明嘉靖二十九年顾从德覆宋刊本

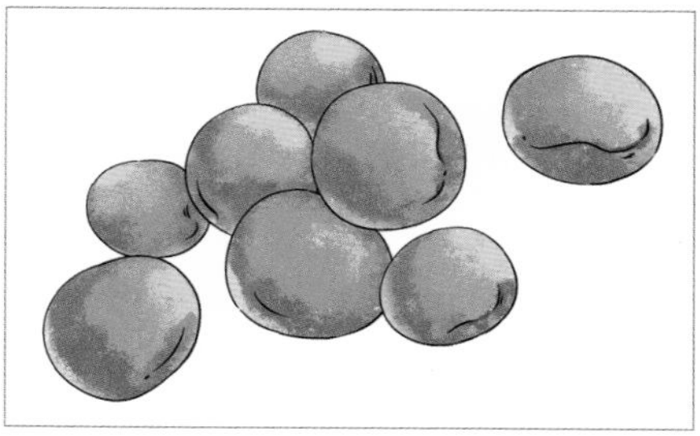

黑大豆

| 王宪明　绘 |

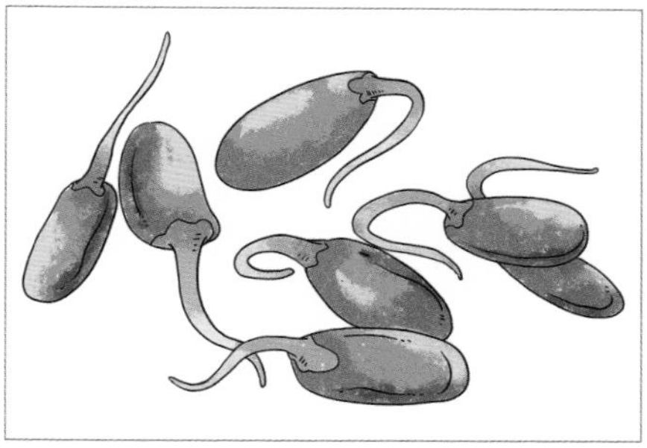

大豆黄卷

| 王宪明　绘 |

大豆有多种颜色，而中医里常用的大豆一般是黑色种皮、绿色子叶的黑大豆，称为药黑豆。明代李时珍在《本草纲目》中记载："大豆有黑、白、黄、褐、青、斑数色：黑者名乌豆，可入药，及充食，作豉；黄者可作腐，榨油，造酱；余但可作腐及炒食而已。"不仅在颜色上对大豆进行了区分，而且对不同颜色大豆的主要用途做了描述。

李时珍在《本草纲目·谷部》中分大豆、大豆黄卷、黄大豆，分别记载了大豆及其制品针对不同疾病入药的具体方法。此外，智慧勤劳的中国古代先民还根据大豆的性状、疗效、禁忌开发出大豆相关的食疗方法，其中广为流传的包括黄豆首乌烩猪肝、黑豆红枣汤、黄豆金针鲤鱼汤、黑豆炖桑葚、黑豆酒等。

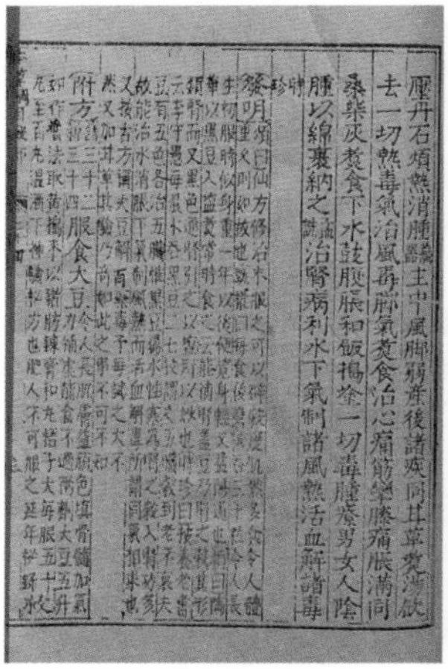

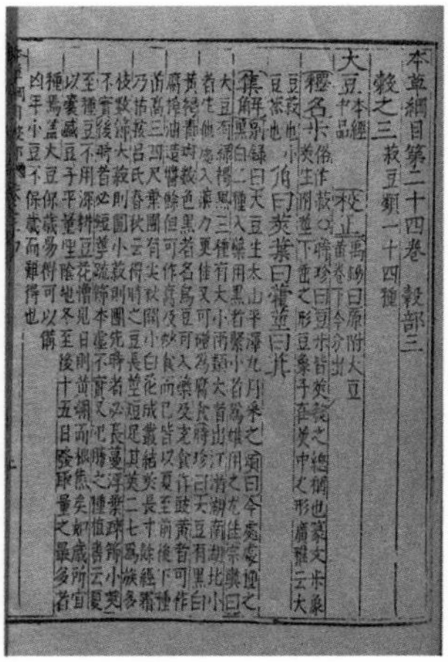

大豆：李时珍《本草纲目》，明万历二十四年金陵胡承龙刻本

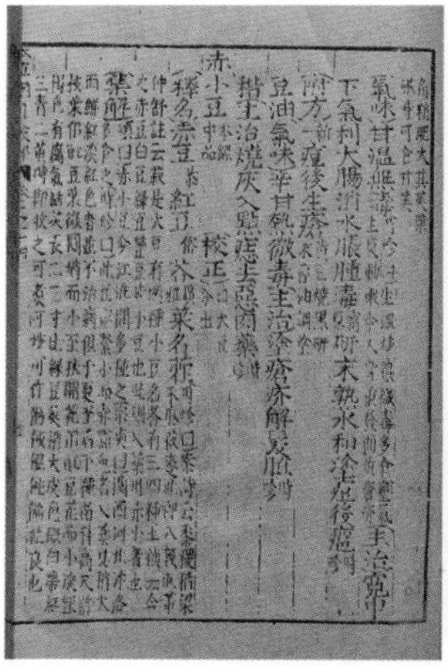
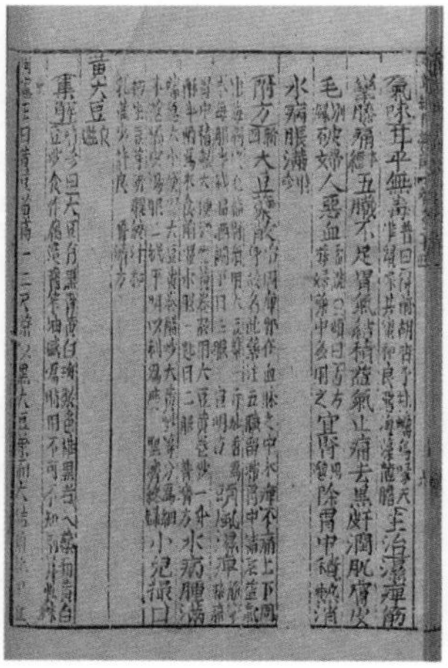
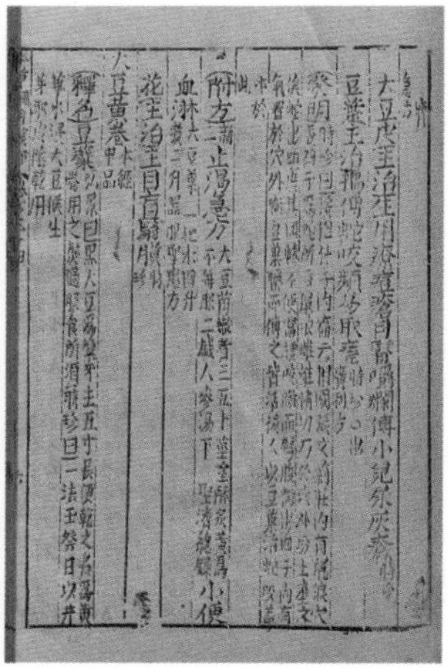

大豆黄卷和黄大豆：李时珍《本草纲目》，明万历二十四年金陵胡承龙刻本

餐桌上的豆制品

在过去物质匮乏的年代，一种食物被大量食用的主要原因是其产量大、易获取，“能吃就行”。随着现代科技的快速发展，物质生活得到了极大丰富，人们要求食物“好吃才行”。大豆不仅没有远离人们的餐桌，反而越来越受欢迎。种类丰富的大豆制品，不仅能够满足人们对美味的追求，而且成为开启健康膳食生活大门的钥匙。

豆制品按发酵与否可以分为非发酵类豆制品和发酵类豆制品，豆浆、豆腐是非发酵类豆制品的代表，而发酵类豆制品除了豆腐乳，还有豆豉、纳豆和天贝等。

琳琅满目的大豆制品

豆浆是深受国人喜爱的中国传统早餐饮品，在国外同样享有“植物牛奶”的美誉。豆浆中含有大量植物蛋白、磷脂、B族维生素以及钙、铁等营养物质，适合各类人群的消化吸收。豆浆一年四季都可饮用，中医认为，春秋饮用豆浆可以滋阴润燥，调和阴阳；夏季饮用豆浆可以消解暑气热毒，生津解渴；冬季饮用豆浆可以抵御严寒，温暖肠胃，滋养进补。除了用黄豆磨制豆浆，还可加入红枣、枸杞、黑豆、绿豆、百合等配料，五谷豆浆更是营养丰富，口味多样，风靡各地。

清代集市贩卖豆浆线摹图

| 王宪明　绘 |

豆腐也是以大豆为原料制成，因其不逊于肉类的营养价值而有着“植物肉”的美称。豆腐中含有大量的水分，此外还有蛋白质、脂肪、糖类、纤维素等。大豆本身虽然含有丰富而全面的营养物质，但人体对它们的吸收率却不高，制成豆腐，既保留住了营养成分，又利于消化，因而成为饮食中的佳品。豆腐还具有一定的医疗价值，中医认为，豆腐是具有补益清热功效的养生食品，经常食用豆腐可补中益气、清热润燥、生津止渴、清洁肠胃。现代医学证实，豆腐对牙齿、骨骼的生长发育有益，还可增加血液中铁的含量。豆腐因不含胆固醇，又是高血压、高血脂、高胆固醇症及动脉硬化、冠心病患者的佳肴。

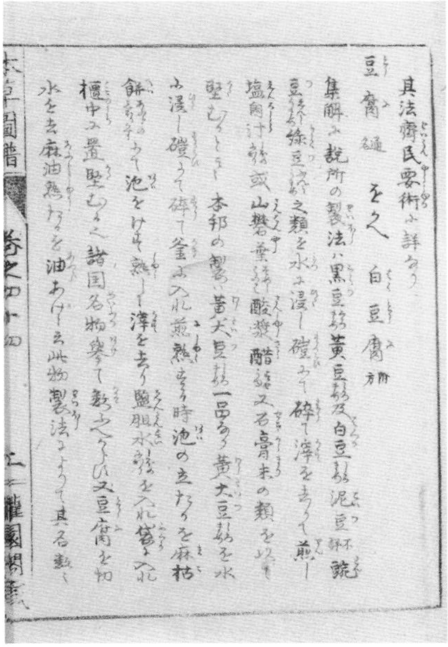

豆腐：岩崎灌园《本草图谱》，江户晚期绘本

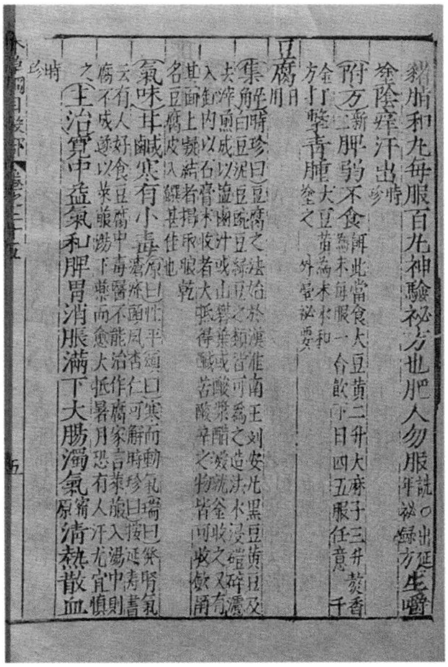

豆腐：李时珍《本草纲目》，明万历二十四年金陵胡承龙刻本

豆腐乳在明代就已大量制作，根据生产工艺的不同分为腌制腐乳和发霉腐乳两大类，也可根据颜色、味道、形状的不同再行分类，品种众多。各地都有独具特色的豆腐乳品种及传说，其中最著名的当属王致和的臭豆腐。

豆腐乳有青、白、红等色，对应为青方、白方和红方，是豆腐乳最主要的三大类别。其中，青方指臭豆腐乳，闻着臭，吃着香；白方以桂林腐乳为代表，以酸浆水点豆腐，不加红曲和盐，直接装坛发酵，呈白色；红方则是在豆腐腌制后加红曲、白酒、面曲等发酵，呈红色。总之，豆腐乳风味独特，极具特色，无愧于“东方奶酪”的称号。

制作腐乳的大陶罐[1]

王致和是安徽宁国府太平县的举人，康熙年间赴京赶考，名落孙山后用尽了盘缠。窘迫之时，想起自己幼年曾帮家人做过豆腐，于是重拾旧业，在北京城卖起了豆腐，赚钱果腹的同时为下次科举备考。一天，王致和做的豆腐没有卖完，当时正值酷暑高温，新鲜的豆腐不能久存，他就在豆腐上撒了盐和佐料，将其放入小缸封存起来。不想一忙起来，他竟忘了此事，想起来时已到了秋天，却发现存放在小缸内的豆腐已经变成青色，且有一股奇异的臭气，王致和大着胆子尝了一口，发现极其美味。后来王致和几次科举仍然未中，干脆一心一意卖起了豆腐乳，进而创立了“王致和南酱园”，到清末已发展成为广销全国的著名老字号。慈禧太后也喜食王致和的豆腐乳，还称其作“青方”。孙家鼐曾撰“致君美味传千里，和我天机养寸心”“酱配龙蟠调芍药，园开鸡跖钟芙蓉”两副对联，联中藏着“致和酱园”四字，一时传为美谈。

1 Charles V. Piper, William J. Morse. The Soybean. New York: Peter Smith, 1943: 242.

豆豉是用整粒的黑大豆或黄大豆经筛选、清洗、浸泡、蒸煮、冷却、制曲、洗曲、拌曲、发酵等工艺而制成，可作调味品，又可入药。豆豉除了含有大豆中的营养成分，还含有发酵后的豆豉纤溶酶等酶类。中国有许多地方特色的豆豉种类，如采用自然发酵、口味鲜香回甘的四川潼川豆豉，以黄豆为原料、辅料丰富的重庆永川豆豉，驰名港澳市场、曲霉发酵的广东阳江豆豉，用西瓜瓤汁拌醅、口味甜软的河南开封西瓜豆豉，辅料种类多、发酵周期长、口感醇厚的山东临沂八宝豆豉等。这些地方品牌豆豉的共同局限是以传统作坊为主要生产方式，遵循古法，产量有限。得益于现代食品科技的进步，传统的地方特色豆豉获得了新生，诞生出一批具有国际影响力的豆豉品牌。

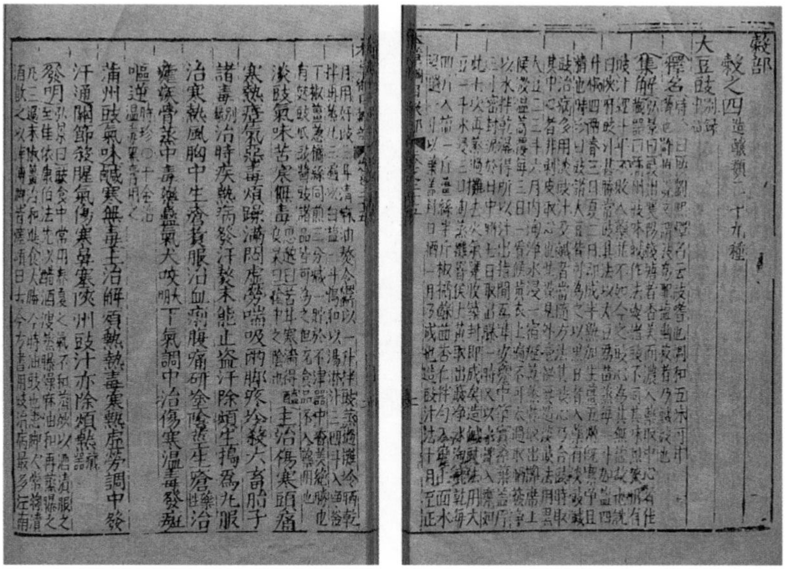

豆豉：李时珍《本草纲目》，明万历二十四年金陵胡承龙刻本

纳豆是将经过蒸煮的大豆加入纳豆菌，放入容器（稻草）中自然发酵而成，附着在纳豆表面的纳豆菌膜具有很强的黏性，有时甚至可以拉出数米长的丝，因此，纳豆也有拽丝纳豆的叫法。

据《鉴真和尚东征传》记载，唐代高僧鉴真将30石甜豉带到了日本。甜豉是类似纳豆的大豆发酵食品，因此，很多学者认为鉴真是日本纳豆的鼻祖。“纳豆”一词出现在平安时代（794—1192年）藤原明衡的《新猿乐记》中，平安时代的寺庙被称为纳所，而最早由鉴真带来的豆豉是在寺庙中制作并发展的，因而被称为纳豆。直到今日，日本寺庙的纳豆依然十分有名。

用稻草捆扎煮熟后的大豆[1]

将捆扎好的大豆放入发酵室中[1]

1 Charles V. Piper, William J. Morse. The Soybean. New York: Peter Smith, 1943: 243.

日本纳豆源于寺庙之中，一开始主要是僧侣食用以代替肉食，也有一部分作为寺庙特产赠予施主或贡给皇室，并不是平民的食物。后来，纳豆逐渐由寺庙、皇室走入寻常百姓家，并成为风靡日本的豆制食品。曾经流传着“乌鸦有不叫的日子，但没有不卖纳豆的日子”，足以说明日本民众对纳豆的喜爱。现在，纳豆是日本人餐桌上的常见食物，将纳豆配上酱油或其他食材，搅拌后置于米饭上食用，口味独特。

日本纳豆产品

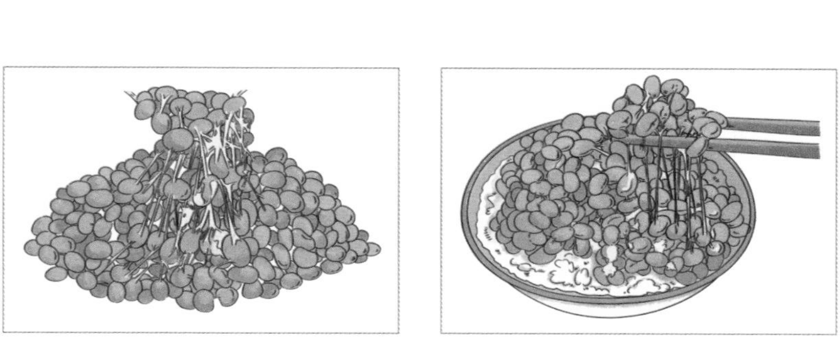
纳豆和纳豆配米饭

丨王宪明　绘丨

第二节 一豆千金

大豆有着悠久的种植历史，是重要的经济作物。历史上，未经加工大豆的经济价值相对较低，如中国古代先民煮食大豆借以扛过灾荒之年，或是用其植株作饲料喂养牲畜。随着现代工业的进步，大豆的经济价值才真正得以彰显。大豆加工制品在食品、工业、饲料、新能源等领域得到了深入开发与广泛应用。

近年来，大豆在国际贸易中所扮演的角色备受瞩目。全球范围总量巨大、利润丰厚的大豆产业已然形成，多方势力在大豆产业中博弈角逐，都期望获取更多收益。美国、巴西、阿根廷，美洲的三个大豆主产国持续发力，大豆总产占世界大豆总产量的近90%；中国则是世界最大的大豆消费市场，是实现大豆经济价值的主要场所；ADM、邦吉、嘉吉和路易达孚，全球四大粮食商贸公司掌控了大豆的收获、仓储、物流、加工等中间环节。

豆油是大豆加工后的重要产出品，可被投入多种行业再次加工利用。大豆油主要有压榨法和浸出法两种加工生产方式。压榨法较为传统，是采用物理手段直接挤压大豆颗粒榨取油脂。浸出法是更为现代的方法，是用化学溶剂将大豆中的油脂萃取溶解，获得溶剂与油脂的混合液，再脱去溶剂，就得到了大豆油。当前也有将两种产油方式相结合的预榨——浸出法。除了食用价值，大豆油在各行各业都可以进行综合利用，堪称“万能油”。大豆油的加工和生产不仅可以满足国内外市场的消费需求，而且是对外出口的重要物资，具有巨大的经济价值和应用前景。

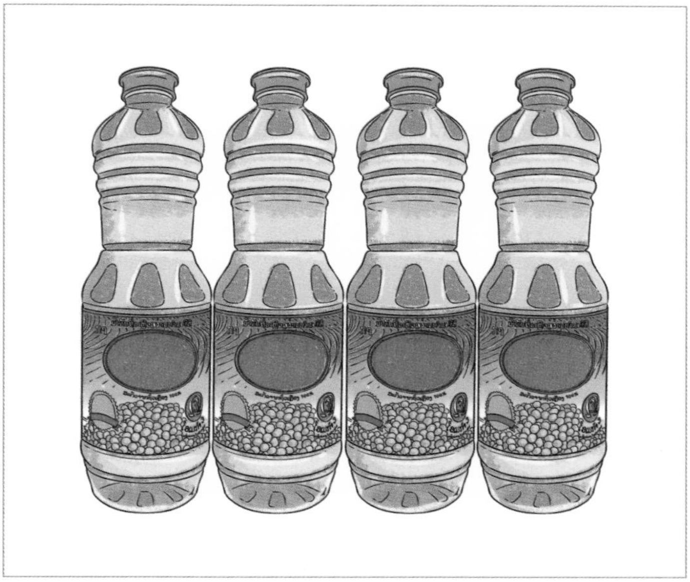

国外市场售卖的大豆油

丨王宪明　绘丨

大豆油是现代家庭烹饪中最常见的食用油，作为优质植物油的一种，含有多种营养成分，且营养成分的消化率高。大豆油除了用于菜肴烹调，还可用来制作起酥油和人造奶油等。大豆起酥油，是在大豆油中加入一定量的抗氧化剂和乳化剂所制成，在烹调和糕点制作的过程中加入起酥油，可使食物酥脆可口。用不同熔点的大豆油和大豆硬化油混合配比，可以生产出塑性更好的起酥油。人造奶油的制作方法与起酥油相似，可以替代动物脂肪，在制作冰激凌、糖果、糕点酥皮、酥油甜点时添加使用。

除烹调食用，大豆油的工业用途也很多。首先，大豆油中含有大量的硬脂酸。硬脂酸可以在橡胶合成中起到硫化活性剂、增塑剂、软化剂的作用；也可以在化妆品制造中作为乳化剂，用于雪花膏、粉底膏、护肤乳等生产，使其形成稳定洁白的膏体。其次，大豆油可用以制造油漆。将大豆油和亚麻油或桐油混合制造的油漆，具有不易氧化、不变色掉色、韧性强、色彩自然的特点，因此，大豆油被大量用于生产优质的室外油漆、汽车油漆和高档家具喷漆等。再次，大豆油经过氧化加工可以制成环氧大豆油。环氧大豆油是一种广泛使用的无毒增塑剂兼稳定剂，在食品包装、医疗制品、管材、电线电缆中大量使用；进一步催化后还能用作软泡、硬泡、涂料等；也可氧化制成氧化大豆油，具有更高的比重和黏滞性，可作为机械、汽车、轮船的润滑油使用；甚至在添加鱼油之后，可作为航空航天的高级润滑油使用。最后，大豆油还可以制成大豆油墨，成为石油油墨的最佳替代品。1980年左右，石油价格飞涨，带动了石油油墨价格的上涨。研究人员在2000多种替代方案中选定了大豆油墨作为石油油墨的替代品。大豆油墨具有环保无毒、耐热耐摩擦、易降解易回收、色泽艳丽、着墨性好、廉价可再生等优点，广泛用于报纸、儿童图书、纺织品印刷等领域。此外，大豆油也可以制成生物燃料。方法主要是用碱催化剂使大豆油和甲醇发生转酯化反应，制造出生物柴油。目前利用大豆油制造生物柴油的技术已经比较成熟，达到了实际应用的水平。进入21世纪以后，美国本土生产的大豆油被越来越多地用于制造生物柴油，以开发可再生型能源和环境友好型能源。

汽车大王亨利·福特与“大豆塑料汽车”[1]

大豆油的广泛用途

| 王宪明　绘 |

1 American Soybean Association. Henry Ford and His Plastic Car. Soybean Digest. 1970(8): 45.

豆饼是大豆制取豆油后产生的残留物。浸出法制油工艺最早起源于法国，从 20 世纪中期开始成为普遍、大规模使用的制油方法。之前，中国获取大豆油采取的是压榨法，借助机械力挤压大豆料坯之后留下扁平的原料残余，其形状像饼，故称“豆饼”。豆饼保留了大豆中的营养成分，最重要的是丰富的植物蛋白质，因此，可以用于生产食用的高蛋白豆饼粉、豆腐制品，也可以作为优质的蛋白饲料使用。豆饼作饲料也有一些禁忌，如要根据情况与其他饲料搭配使用，要适量而不能一味大量使用等。此外，豆饼还可被用作田间的肥料，通常称为“过腹还田”，顾名思义，就是先用豆饼饲喂禽畜，再将禽畜粪便用作肥料，这样利用动物消化吸收与排泄的功能预先降解肥料中的蛋白，再来滋养土地，达到充分利用豆饼蛋白的目的。

豆粕是用浸出法提取大豆油之后得到的副产品。由于大豆加工生产获得豆油的产量巨大，与之相应，豆粕的产量也非常高。随着科技的不断发展，豆粕在各个行业的应用不断得到拓展。目前，豆粕是全球畜牧业广泛使用的高蛋白饲料，加工后的豆粕所含的蛋白质、氨基酸等营养成分全面且均衡，可以满足畜禽对营养的要求。

在大豆田里放牧的羊群[1]

大豆干草堆[1]

大豆所含营养丰富，其植株本身就是很好的饲料作物。有些地区的农民专门种植小粒种的大豆，这类豆种植株茎秆细、草质优且易于大面积栽培，在结荚期割下既是牲畜优质的青饲料，又可晒干作干草使用。

---

1 Charles V. Piper, William J. Morse. The Soybean. New York: Peter Smith, 1943.

第三节 用养结合

近现代科学技术的突飞猛进给农业生产带来种种便利，实现了大规模机械化的农业生产。但同时也带来了一系列问题，如农药残留对人体危害较大，化肥的使用破坏了土壤结构……人类呼唤绿色、生态、有机农业时代的到来。

大豆在当前国际市场走俏，炙手可热，除其食用价值和经济价值，还受其生态价值的驱动，即大豆对实现绿色、生态、有机农业非常重要。在农业生产中，有效利用各种农作物的自然特性，采取合理的轮作倒茬、间作套作等种植方式，从而实现用地养地、用养结合、提高产量、保持生态，是中国古代先民从大量农业生产实践中积累的宝贵经验。在农田种植中，大豆的生态价值主要是通过大豆在田间轮作、间作、混作等不同作物种植方式中的重要作用体现出来的。

大豆的根系[1]

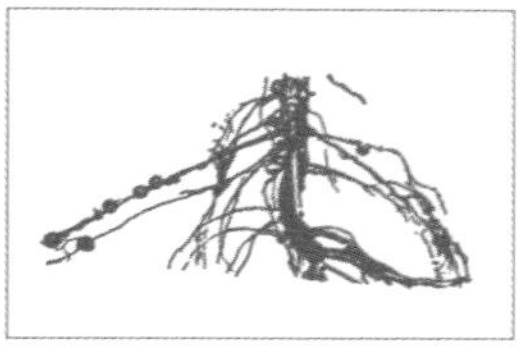

大豆根部的根瘤[1]

大豆的根部有与之共生的根瘤菌。在大豆的幼苗期，根瘤菌就通过大豆的根毛或其他部位侵入并开始大量繁殖形成根瘤。大部分根瘤集中生长在大豆的主根上，它们颜色不同、形状各异。生产在根瘤中的根瘤菌通过吸收大豆植株中的碳水化合物、水分等生长和繁殖，同时通过固氮作用将空气中游离的氮素固定下来，从而转化成为植物生长所需的化合物。根瘤菌在与大豆共生的过程中会分泌一定量的有机氮进入土壤，加上部分根瘤残余在土壤中，大大提高了土壤自身的肥力。据田间试验测算，1 亩大豆可以固氮 8 千克左右，相当于 18 千克尿素的氮含量。大豆与不同作物配合种植，能够减少地力消耗，节约化肥用量，为实现绿色、高效的农业生产创造了可能。因此，农民称大豆为大田生产中的“铁杆庄稼”。

中国古代先民早就发现并利用了大豆的固氮作用。《氾胜之书·小豆篇》记载：“大豆、小豆不可尽治也。古所以不尽治者，豆生布叶，豆有膏，尽治之则伤膏，伤则不成。而民尽治，故其收耗折也。故曰：豆不可尽治。”豆有膏并不是说大豆中有油脂，而是指大豆能够提供营养，膏养自身。正是基于大豆的这一特性，即使在自然条件不好的年份，大豆仍能保持稳定的产量。因此，古人认为大豆是保岁备荒的理想作物。

1 王金陵. 大豆. 北京：科学普及出版社，1966.

早在几千年前，中国古代先民就已开始用大豆与禾谷类作物进行轮作倒茬，以提高作物产量。所谓轮作，就是指在同一片土地上，大豆与其他作物在一定年限内进行交替种植，通过大豆根瘤的固氮作用恢复土壤团粒结构以蓄养土地肥力，从而使作物能够均衡地利用土壤养分。小麦和大豆轮作早已有之，后来又发展出小麦—大豆—谷子、小麦—大豆—黍等多种作物轮作形式。随着美洲作物玉米的传入，大豆又迎来了轮作的“黄金搭档”，出现了大豆—玉米的轮作方式。长期的生产实践和科学实验结果显示，豆茬小麦比一般重茬小麦增产 26%～27%，豆茬玉米比谷茬玉米增产 13%，豆茬高粱比玉米茬高粱增产 16%。因而，黑龙江地区的农民形象地把大豆称为“肥茬”。

除了轮作，大豆还适合与玉米、高粱、麦子等作物进行间作和混作。大豆是深根作物，可以充分利用土壤深层的养分；在与高秆作物间作时，可以实现高矮搭配以充分利用阳光资源，但需把握好播种时间和土壤肥力；大豆与玉米等作物间混作有互补优势，可实现整体产量提升。

大豆是放淤压沙、放淤压碱以及新垦荒地的先锋作物。此外，大豆豆粕的过腹还田利用，即用饼粕饲喂牲畜，再将牲畜粪便作肥料投入农田润养土地，是一种充分利用大豆营养成分的循环农业模式，既提高了大豆蛋白质的使用率，又不会造成田地营养失衡，还节约了饲料和肥料投入，一举数得而又不污染环境，生态效益显著。

大豆秸秆是大豆籽实收获后剩余的茎叶等植株部分。作物的光合作用产物大量残留在秸秆中，大豆秸秆含有蛋白质、纤维素等，是可以再次利用的可再生资源。中国农业发展早期，农作物秸秆往往是晒干作燃料使用，或饲喂牲畜，这种使用方式的利用率不高。随着大豆产量的不断提升，大豆秸秆的产量也随之增加。有研究发现，加工生产后的大豆秸秆蛋白质含量多、消化率高、营养效果好，适合用作牛羊等牲畜的配合饲料，这样一来，大豆秸秆的利用率得到了大大提升。秸秆饲料的开发利用，使精饲料所需粮食的消耗量得到了节省，收获籽粒后残余的大量大豆植株不再需要焚烧也减轻了环境污染问题，秸秆饲料通过牲畜过腹还田又提高了土壤肥力，可谓高效和环保的生产模式。

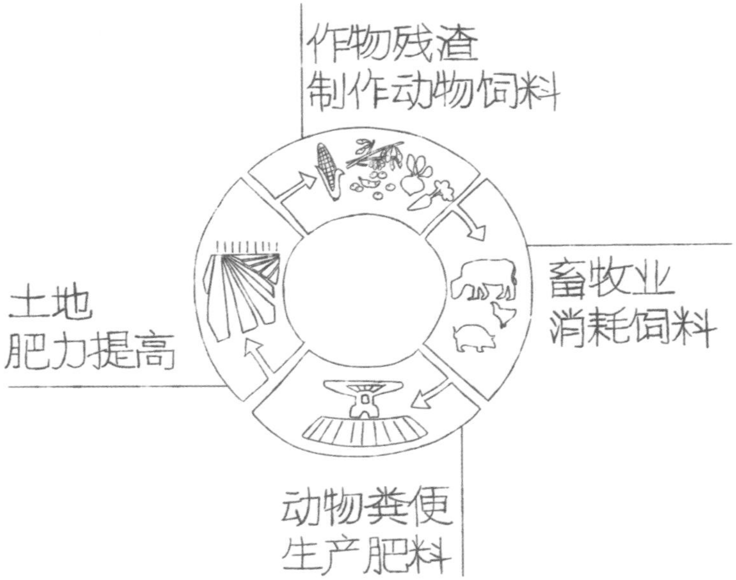

生态循环示意图

| 王宪明　绘 |

第四节 菽水承欢

历史上，大豆与中国百姓的饮食起居生活息息相关，大豆及其制品频繁出现在历代文学作品之中，并被赋予特殊的文化寓意，受到文人雅士的吟咏歌颂。在日常生活用语中，与大豆相关的成语、俗语众多，中华民族围绕大豆创造出了一系列的风俗习惯。

大豆古时称“菽”。菽字在文学作品中的意象主要体现在以下方面。首先，菽字展现出中国古代文人醉心于山水之间和向往田园生活的浪漫主义情怀，此意缘起于《诗经》。《诗经》成书于春秋中期，当时的大豆种植处于半野生半栽培阶段，采菽多在山野之中。古代先民于山野间劳作，面对碧水青山，心旷神怡，不禁放声高歌。这些歌有的歌颂后稷发明大豆的栽培方法，有的因采菽兴奋而讨论国家兴旺、诸侯来朝的盛况，还有的表达对远方亲朋的思念。总之，《诗经》中的菽字寄托了浪漫主义的精神与情怀，且被后世的文学作品继承并不断深化。

《诗经》通过“菽”字所传递的浪漫意境，不仅表现在菽田的景色恬淡、菽花的颜色雅致，甚至于制作豆制品的过程也都充满了工艺美感。《菽乳》回顾了豆腐的发明过程，盛赞了豆腐的美味，更将豆腐的制作过程浪漫化，用流膏、雪花、白玉等形容豆腐，是形神兼备的绝妙好词。颇为有趣的是，诗人在诗名“菽乳”旁还专门批注，豆腐的名称不雅观，故改名为菽乳。可见，在古人心中，菽是无比浪漫而美好的字眼。

豆腐

| 王宪明　绘 |

古代文学作品中关于“菽”的记载：

《诗经·大雅·生民》诗云：

蓺之荏菽，荏菽旆旆。禾役穟穟，麻麦幪幪，瓜瓞唪唪。

《诗经·小雅·采菽》诗云：

采菽采菽，筐之筥之。君子来朝，何锡予之？

《诗经·小雅·小明》诗云：

岁聿云莫，采萧获菽。心之忧矣，自诒伊戚。

明代孙作《菽乳》诗云：

淮南信佳士，思仙筑高台。八老变童颜，鸿宝枕中开。异方营齐味，数度真琦瑰。作羹传世人，令我忆蓬莱。茹荤厌葱韭，此物乃呈才。戎菽来南山，清漪浣浮埃。转身一旋磨，流膏入盆罍。大釜气浮浮，小眼汤洄洄。顷待晴浪翻，坐见雪花皑。青盐化液卤，绛蜡窜烟煤。霍霍磨昆吾，白玉大片裁。烹煎适吾口，不畏老齿摧。蒸豚亦何为，人乳圣所哀。万钱同一饱，斯言匪俳诙。

菽，寄托着君子清贫自适、啜菽自足的乐观主义精神。在中国古代文学作品中，菽所代表的另一层精神寓意就是文人甘于清贫、不移本心的高洁操守和乐观态度。荀子在《天论》中提出“天行有常，不为尧存，不为桀亡”的唯物主义自然观，并雄辩地论证了“制天命而用之”的进步观点，对后世文人立身处世产生了深远影响。

《天论》中有：“楚王后车千乘，非知也。君子啜菽饮水，非愚也，是节然也。”这里将楚王声势浩大的奢靡出行队伍和君子食豆饮水的贫贱生活做对比。虽然，荀子在此并无褒贬，但是后世之人自有取舍。在古代文人心中，君子啜菽饮水，是安贫乐道的表现。

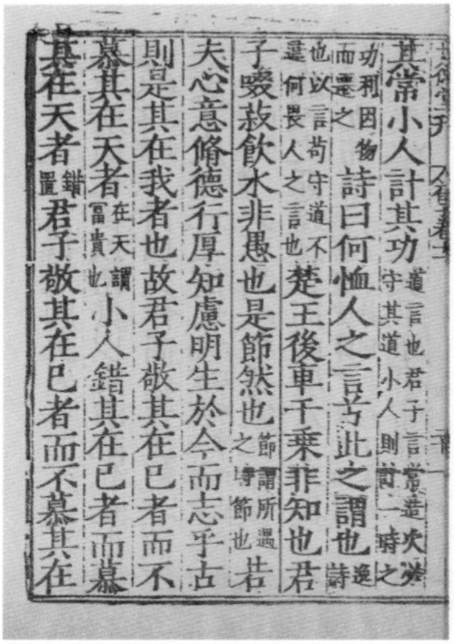
其常小人計其功（道言也君子言常道小人則計一時之功利因物而遷之）
詩曰何恤人之言兮此之謂也（逸詩也以言苟守道不恤人之言也）
楚王後車千乘非知也君
子啜菽飲水非愚也是節然也（節謂所遇之時節也）若
夫心意脩德行厚知慮明生於今而志乎古
則是其在我者也故君子敬其在己者而不
慕其在天者（在天謂富貴也）小人錯其在己者而慕
其在天者（錯置）君子敬其在己者而不慕其在

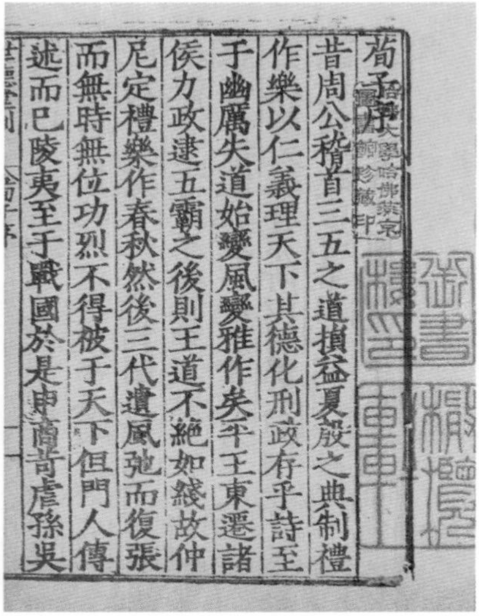
荀子序
昔周公稽首三五之道損益夏殷之典制禮
作樂以仁義理天下其德化刑政存乎詩至
于幽厲失道始變風變雅作矣平王東遷諸
侯力政逮五霸之後則王道不絕如綫故仲
尼定禮樂作春秋然後三代遺風弛而復張
而無時無位功烈不得被于天下但門人傳
述而已陵夷至于戰國於是申商苛虐孫吳

啜菽饮水：《荀子》，唐代杨倞注，明嘉靖时期顾氏世德堂刊本

唐末徐寅在《自咏十韵》又有："粗支菽粟防饥歉，薄有杯盘备送迎。僧俗共邻栖隐乐，妻孥同爱水云清。"表达了文人安贫乐道的情操。徐寅高中状元，但梁太祖朱温不喜他文章中"一皇五帝不死何归"之说，命徐寅改写，徐寅则直接答道："臣宁无官，赋不可改。"而被削籍不得为官。士大夫宁折不屈，能够不违本心，即便过清贫生活，也能充满乐趣。徐寅诗中所展现出的是坚守本心的操守，而在宋代杨万里诗中所表现的，则是看破功名的洒脱。《侧溪解缆》中："莫笑一蔬兼半菽，饱餐万岳与千岩。蓬莱云气君休望，且向严滩濯布衫。"全诗潇洒豪迈，"莫笑一蔬兼半菽，饱餐万岳与千岩"更是神来之笔，不苦恼于生活贫困，乐观地享受生活、感悟自然，这是何等的气魄！

江山代有才人出，各领风骚数百年。菽字所蕴含的乐观主义精神，在八百年后被发挥到了极致。1959 年，毛泽东主席回到阔别 32 年的故乡，写下了动人的诗篇《七律·到韶山》：

别梦依稀咒逝川，故园三十二年前。
红旗卷起农奴戟，黑手高悬霸主鞭。
为有牺牲多壮志，敢教日月换新天。
喜看稻菽千重浪，遍地英雄下夕烟。

诗中指出辛苦种豆的劳动人民才是真正的英雄，遍地英雄用勤劳的双手创造了大豆千重浪的盛世，他们才是真正配得上稻菽丰收喜悦的人。劳动人民才是历史的创造者，这正是菽字乐观精神的深刻内涵。

菽被赋予奉养双亲、孝顺父母的中华孝道文化精神。菽的文化意象同孝道之间的联系可以从《礼记·檀弓下》中的记载得到体现：

> 子路曰："伤哉贫也！生无以为养，死无以为礼也。"
> 孔子曰："啜菽饮水尽其欢，斯之谓孝；敛首足形，
> 还葬而无椁，称其财，斯之谓礼。"

当中记载了孔子对孝道内涵的阐释：子女因贫穷而无法为父母提供富足的物质生活，甚至只能让父母食豆饮水，但是只要能让父母心情愉快，就可以说是孝顺了。孔子对孝的此番解读成为后世尽孝的规范，菽和水也成为表现孝道的固定搭配，在文学作品中反复出现。

苏轼在《留别叔通元弼坦夫》中夸赞朋友时写道："石生吾邑子，劲立风中草。宦游甑生尘，菽水媚翁媪。"这是用菽水的文化寓意表现乡友石坦夫孝顺父母。陆游的诗作经常使用"菽水"这一词汇。《寓叹》有："故国鸡豚社，贫家菽水欢。至今清夜梦，犹觉畏涛澜。"这是形容普通人家虽然贫寒，但有子女孝顺的乐趣。又如《子遹入城三宿而归独坐凄然示以此篇》载："明恩华其行，汝亟忝一官。得禄宁甚远，惧违菽水欢。"这里充分展现了陆游之子在为国尽忠和为父尽孝之间的纠结。

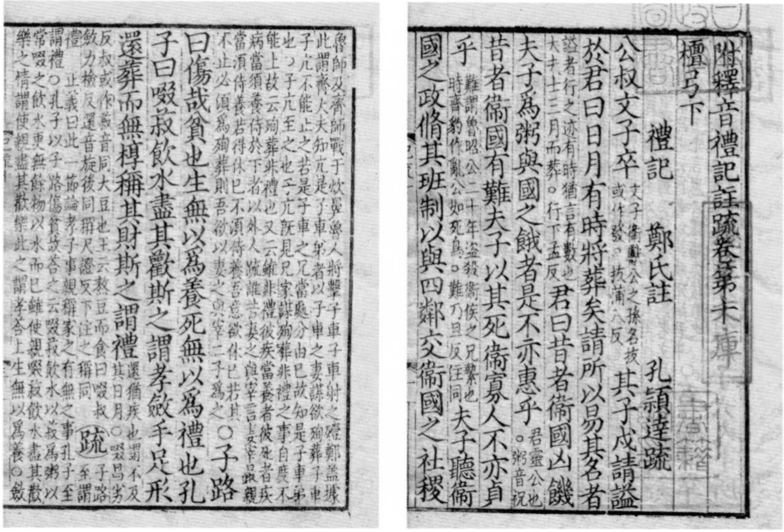
附釋音禮記註疏卷第十
檀弓下
禮記 鄭氏註 孔穎達疏
公叔文子卒其子戍請諡於君曰日月有時將葬矣請所以易其名者君曰昔者衛國凶饑夫子爲粥與國之餓者是不亦惠乎昔者衛國有難夫子以其死衛寡人不亦貞乎夫子聽衛國之政脩其班制以與四鄰交衛國之社稷

○子路曰傷哉貧也生無以爲養死無以爲禮也孔子曰啜菽飲水盡其歡斯之謂孝斂手足形還葬而無椁稱其財斯之謂禮

孔子对孝道内涵的阐释：《附释音礼记注疏》，郑玄注，孔颖达疏，清乾隆六十年和珅影覆刻南宋刘叔刚本

菽水承欢的典故在近现代诗歌中仍有出现。郁达夫的诗作《再游高庄偶感续成》中就有：“陇上辍耕缘底事，涂中曳尾复溪求。只愁母老群儿幼，菽水蒲编供不周。”菽水指奉养母亲，蒲编指养育儿女。菽水承欢的用法同样出现在各类文学作品当中，如元代戏曲家高明的《琵琶记·蔡宅祝寿》中有：“入则孝，出则弟，怎离白发之双亲？到不如尽菽水之欢，甘齑盐之分。”又如清代小说家吴敬梓的《儒林外史》中有：“晚生只愿家君早归田里，得以菽水承欢，这是人生至乐之事。”

中国古代先民在长期的生产生活和语言运用当中创造出大量与大豆相关的成语、俗语，这些成语、俗语相比文学作品更加生动鲜活，与大众文化的关联也更加紧密。与大豆相关的成语、俗语都有一个共同的构词模式，就是针对大豆的一种或几种特质创造词汇，因此，可以遵循大豆的特质对这些词汇进行归类。

事物最直观的特征是其外形特征，很多大豆的成语、俗语都是根据大豆的外形特征创造出来的。如大豆在泡水之后会胀开，于是有歇后语“泡水的大豆——自我膨胀”。大豆从豆荚里裂出来的样子，被人用来形容国土分裂，就有了成语“豆分瓜剖”。大豆和小麦的外形有明显的区别，但是一些不从事生产劳动的人却区分不出，于是就有成语“不辨菽麦”，用来形容人的愚笨和不事劳动。还有很多和豆制品外形特征相关的成语、俗语。如豆芽外形弯曲，由此产生了“豆芽拌粉条——里勾外连”的歇后语；还有“豆芽炒虾米——两不值（直）”的歇后语，是利用谐音形容两头受气。又如，歇后语“豆豉焖豆腐——黑白分明”，巧妙地利用了豆豉的黑色和豆腐的白色来构词。“小葱拌豆腐——一清二白”，也是抓住了豆腐的颜色特点。

大豆制品的内涵特质也反映在了成语、俗语之中。如豆腐最重要的特点就是软，与软相关的就有“豆腐做门墩——难负重任”“豆腐做匕首——软刀子”“刀子嘴，豆腐心”“豆腐打根基——底子软”等俗语。还有“卤水点豆腐——一物降一物”，用来形容事物之间相互关联和相互制约。

总之，这些成语、俗语取材于现实生活，集中反映了大豆及其制品的外形特征和内在特质，既是大豆贴近民生、立足生活的结果，又是大豆特点多样、可塑性强的体现。它们丰富了大豆文化的内涵，扩展了大豆文化的外延，是中华民族农耕文化中值得继承与弘扬的部分。

豆腐干

| 作者摄于美国国家档案馆 |

豆芽

| 作者摄于美国国家档案馆 |

在古代先民长期从事农业生产活动的过程中，围绕着农作物创造出一系列传统风俗习惯，这是中国传统农耕文化中十分宝贵的部分。大豆作为五谷之一，与其相关的习俗自然会有不少。所谓“百里不同风，千里不同俗”，大豆的文化习俗也是各地劳动人民在长期生产中形成的，既是民生民情的指南针，反映了大众的文化诉求，也是大豆历史的活化石，可以从中寻见历史的端倪。

钱钱饭

| 王宪明　绘 |

现在的大豆特色食品琳琅满目，有陕西特色小吃“钱钱饭”、湖北特色美食“合渣”，等等，种类之多、品类之盛足以组成豆菜宴、豆腐宴。歌谣《中国娃》中有“最爱吃的菜是那小葱拌豆腐，一清二白清清白白做人不掺假”，足以体现大豆食品是中华文化符号之一。

腊月二十五，推磨做豆腐

| 王宪明　绘 |

春节在中国是一年当中最重要的节日，民间俗语“腊月二十五，推磨做豆腐”，说的就是在这一天，人们有泡黄豆、磨豆子、做豆腐的习俗。读音上“豆腐”又与“头富”“都福”相近，也体现了人们在新的一年祈求幸福富贵的美好心愿。现在，已经很少有人自己在家做豆腐了，但过年期间家家户户都要准备些豆腐菜肴，“青菜豆腐保平安”就体现了人们对豆腐的需求。

节日是风俗研究中的重要内容，是人们喜爱、思念、缅怀等情绪、情感在时间维度的强烈集中表达，当人们为某件事物举办节日时，说明对这件事物有着强烈而深厚的感情。而以大豆为主题节日的出现，表现了广大人民群众对大豆的热爱。中国各地都有以大豆为名的节日，其中较有代表性的有“北大荒大豆节”“海伦市大豆节”。除了大豆节，豆腐、豆瓣酱等也都有属于自己的节日，如佛冈的豆腐节、中国豆腐文化节等。

第六届北大荒大豆节吉祥物

| 王宪明　绘 |

2010年，大豆的重要产地黑龙江省首次举办“北大荒大豆节”，此后又多次举办，其宗旨是弘扬大豆文化、振兴大豆产业、建设绿色豆城。第一届的主题是“挺起民族产业脊梁，打造绿色大豆之都”，第二届的主题是“绿色北大荒，金色大豆节”，第五届的主题是“传承大豆文化，畅享豆都美食”……主办方通过多年摸索已经认识到，大豆经济、大豆文化、大豆生态是一个和谐共生的系统，需要依靠文化、经济、城市多元协同发展推动。

评委对豆腐进行品鉴打分以及精美的参赛作品：海伦大豆丰收庆祝活动

｜王宪明　绘｜

2019 年黑龙江省海伦市农民丰收节以“黑土硒都同欢庆，海伦金豆话丰收”为主题，展现了海伦大豆产业的新势头、海伦农村的新风貌和海伦农民的新形象，节日期间还举行了评选“十大种豆能手”“十佳豆腐工匠”“十佳豆宴名菜”等活动。这些评选都有严格规范的标准，还聘请了专家指导监督评选流程。如豆腐的评选标准，就有“豆腐呈均匀的乳白色或淡黄色，稍有光泽。豆腐块形完整，富有一定的弹性，质地细腻，结构均匀，无杂质。香气平淡，无豆腥味。豆腐口感细腻鲜嫩，味道纯正清香。”最能引起大众共鸣的还是“十佳豆宴名菜”的活动，种类繁多、花样百出、色香味俱全的大豆菜品引得观众尽露饕餮之相，让人大开眼界的同时还大饱了口福。

掷豆腐、送祝福：广东省清远市佛冈县每年正月十三的豆腐节

｜王宪明　绘｜

在豆腐节时，豆腐不是用来吃的，而是用以相互投掷、“打仗”的“武器”。这缘起于四百多年前，正月十三一村人都在祠堂里吃斋，一位村民无意间把豆腐洒到了另一位村民身上，由此引发了一场互掷豆腐的争端。第二年，被洒了豆腐的村民家里喜添新丁，大家认为这是豆腐带来的好运气。自此，每年正月十三村民都会在祠堂打豆腐仗，希望全村人丁兴旺，五谷丰登。这一风俗传承了四百多年，进而成为当地的著名节日。

安徽省淮南市的“中国豆腐文化节”

| 王宪明　绘 |

“中国豆腐文化节”由原商业部、国内贸易部等部门发起主办，由淮南市人民政府承办，在海峡两岸共同举办，体现了两岸一家的大豆文化。“中国豆腐文化节”从 1990 年开始到 2013 年，每年在淮南王刘安的诞生日 9 月 15 日举办，共举办了 20 届，成为大豆食品节日的一大盛事。此后，“中国豆腐文化节”改成豆制品展销会，以崭新的形式继续弘扬大豆文化。2019 年中国豆腐文化节暨论坛、祭拜豆腐始祖活动在淮南市寿县举行，来自国内外的多位豆制品从业人员集体拜谒了豆腐始祖刘安，并就中国豆腐文化精神内涵、豆制品未来发展等问题进行研讨，共同推动中华豆腐文化的传承与弘扬。

大豆风俗浓郁、大豆文化资源丰富的一些地区建起了大豆博物馆、大豆文化村、大豆文化城等。如中国大豆的重要产区黑龙江省黑河市建立了寒地大豆博物馆，分为大豆历史、大豆文化、沃野豆乡、上膳智慧等展区，全方位地向游人展示大豆的历史文化和未来价值。黑河的嫩江县以及与黑河相邻近的海伦市建立了“大豆城”。安徽省淮南市寿县打造了“中国豆腐第一村”，利用历史传说结合当地风俗，围绕淮南王发明豆腐的故事做文章。另外，各种地方特色豆腐也都有相应的豆腐村、豆腐城，如白水豆腐第一村、鲁南豆腐第一村等。这些都是对大豆文化风俗的集中挖掘和展示，是实现大豆文化和大豆经济联动发展的有益尝试。

主要参考文献

（一）论著

[1] 楚辞 [M]. 朱熹集注. 上海：上海古籍出版社，2010.

[2] 董英山，杨光宇. 中国野生大豆资源的研究与利用 [M]. 上海：上海科技教育出版社，2015.

[3] 方嘉禾，常汝镇. 中国作物及其野生近缘植物·经济作物卷 [M]. 北京：中国农业出版社，2007.

[4] 葛剑雄. 中国人口发展史 [M]. 福州：福建人民出版社，1991.

[5] 管子 [M]. 房玄龄注. 上海：上海古籍出版社，1989.

[6] 郭文韬. 中国大豆栽培史 [M]. 南京：河海大学出版社，1993.

[7] 淮南子 [M]. 高诱注. 上海：上海古籍出版社，1989.

[8] 吉林省农业科学院. 中国大豆育种与栽培 [M]. 北京：农业出版社，1987.

[9] 贾思勰. 齐民要术 [M]. 北京：中华书局，1956.

［10］蒋慕东．二十世纪中国大豆科技发展研究［M］．北京：中国三峡出版社，2008．
［11］［美］考德威尔．大豆的改良生产和利用［M］．吉林省农业科学院，译．北京：农业出版社，1982．
［12］李璠．中国栽培植物发展史［M］．北京：科学出版社，1984．
［13］梁永勉．中国农业科学技术史稿［M］．北京：农业出版社，1989．
［14］洛阳文物工作队．洛阳皂角树1992—1993年洛阳皂角树二里头文化聚落遗址发掘报告［M］．北京：科学出版社，2002．
［15］吕不韦．吕氏春秋［M］．太原：山西古籍出版社，2001．
［16］墨子［M］．唐敬杲，选注．上海：商务印书馆，1926．
［17］农业部计划司．中国农村经济统计大全1949—1986［M］．北京：农业出版社，1989．
［18］彭世奖．中国作物栽培简史［M］．北京：中国农业出版社，2012．
［19］石声汉．氾胜之书今释［M］．北京：科学出版社，1956．
［20］司马迁．史记［M］．北京：中华书局，1982．
［21］司农司．农桑辑要［M］．北京：中华书局，1985．
［22］宋应星．天工开物［M］．北京：商务印书馆，1933．
［23］苏轼诗集［M］．王文诰，辑注．北京：中华书局，1982．
［24］孙醒东．大豆［M］．北京：科学出版社，1956．
［25］孙义章．大豆综合利用［M］．北京：中国农业科技出版社，1986．
［26］孙中山．建国方略［M］．上海：民智书局，1925．
［27］唐启宇．中国作物栽培史稿［M］．北京：农业出版社，1986．
［28］佟屏亚．农作物史话［M］．北京：中国青年出版社，1979．
［29］万国鼎．氾胜之书辑释［M］．北京：中华书局，1957．
［30］王金陵．大豆［M］．北京：科学普及出版社，1966．
［31］王连铮．大豆研究50年［M］．北京：中国农业科学技术出版社，2010．
［32］王绶，吕世霖．大豆［M］．太原：山西人民出版社，1984．

[33] 王祯. 农书 [M]. 北京: 商务印书馆, 1937.
[34] 吴其浚. 植物名实图考 [M]. 北京: 商务印书馆, 1957.
[35] 徐正浩, 等. 农业野生植物资源[M]. 杭州: 浙江大学出版社, 2015.
[36] 许道夫. 中国近代农业生产及贸易统计资料 [M]. 上海: 上海人民出版社, 1983.
[37] 荀子 [M]. 安小兰, 译注. 北京: 中华书局, 2007.
[38] 杨国藩. 大豆的栽培与改良 [M]. 上海: 商务印书馆, 1934.
[39] 杨乃坤, 曹延汹. 近代东北经济问题研究(1916—1945)[M]. 沈阳: 辽宁大学出版社, 2005.
[40] 杨树果. 产业链视角下的中国大豆产业经济研究 [M]. 北京: 中国农业大学出版社, 2016.
[41] 赵荣光. 中国饮食文化史 [M]. 上海: 上海人民出版社, 2006.
[42] 朱希刚, 奥博特. 中国大豆经济研究 [M]. 北京: 中国农业出版社, 2002.
[43] 朱熹. 诗集传 [M]. 上海: 上海古籍出版社, 1980.
[44] 曾雄生. 中国农学史 [M]. 福州: 福建人民出版社, 2012.
[45] American Soybean Association. Soy Stats[M]. Published online, 2000-2018.
[46] Charles V. Piper, William J. Morse. The Soy Bean: History, Varieties, and Field Studies[M]. Washington D. C.: United States Government Printing Office, 1910.
[47] Charles V. Piper, William J. Morse. The Soybean[M]. New York: Peter Smith, 1943.
[48] Charles V. Piper, William J. Morse. The Soy Bean with Special Reference to its Utilization for Oil, Cake, and other Products[M]. Washington D. C.: United States Government Printing Office, 1916.
[49] Edward Jerome Dies. Soybeans: Gold from the Soil[M]. New York: The Macmillan Company, 1943.

[50] Edwin G. Strand. Soybean Production in War and Peace[M]. Washington D. C.: United States Government Printing Office, 1945.

[51] H. Roger Boerma, James E. Specht. Soybeans: Improvement, Production, and Uses [M]. Madison, WI: American Society of Agronomy, 2004.

[52] KeShun Liu. Soybeans: Chemistry Technology and Utilization[M]. Singapore: Chapman and Hall, 1997.

[53] Lawrence A. Johnson, Pamela J. White, Richard Galloway. Soybeans: Chemistry, Production, Processing, and Utilization[M]. IL: AOCS Press, 2008.

[54] National Agricultural Statistics Service (NASS), Agricultural Statistics Board, U.S. Department of Agriculture. Corn, Soybeans, and Wheat Sold Through Marketing Contracts[M]. Washington D. C.: online, 2003.

[55] Nelson Klose. America's Crop Heritage: the History of Foreign Plant Introduction by the Federal Government[M]. IA: Iowa State College Press, 1950.

[56] United States Department of Agriculture. Agricultural Statistics[M]. Washington D. C.: United States Government Printing Office, 1920－2017.

（二）论文

[1] 安静平，董文斌，等．山东济南唐冶遗址（2014）西周时期炭化植物遗存研究[J]．农业考古，2016(6)：7-21．

[2] 陈久恒，叶小燕．洛阳西郊汉墓发掘报告[J]．考古学报，1963(2)：1-58．

[3] 陈文华．豆腐起源于何时[J]．农业考古，1991(1)：245-248．

[4] 董钻，杨光明．李煜瀛和他的大豆专著［J］．大豆科技，2012（2）：337-340．

[5] 盖钧镒，许东河，等．中国栽培大豆和野生大豆不同生态类型群体间遗传演化关系的研究［J］．作物学报，2000（5）：513-520．

[6] 盖钧镒．美国大豆育种的进展和动向［J］．大豆科学，1983（3）：225-231．

[7] 顾善松．对国产大豆面临问题的思考［J］．管理世界，2006（11）：70-76．

[8] 郭文韬．略论中国栽培大豆的起源［J］．南京农业大学学报（社会科学版），2004（4）：60-69．

[9] 韩天富，王彩虹，等．美国大豆生产、科研、推广和市场体系［J］．大豆通报，2006（3）：37-39．

[10] 湖南省博物馆，中国科学院考古研究所．长沙马王堆二、三号汉墓发掘简报［J］．文物，1974（7）：39-48．

[11] 李福山．大豆起源及其演化研究［J］．大豆科学，1994（1）：61-66．

[12] 李晓芝，张强，等．美国大豆生产、育种及产业现状［J］．大豆科学，2011（2）：337-340．

[13] 刘昶，方燕明．河南禹州瓦店遗址出土植物遗存分析［J］．南方文物，2010（4）：55-64．

[14] 刘世民，舒师珍，等．吉林永吉出土大豆炭化种子的初步鉴定［J］．考古，1987（4）：365-369．

[15] 于晓华，Bruemmer Bernhard，钟甫宁．如何保障中国粮食安全［J］．农业技术经济，2012（2）：4-8．

[16] 强文丽．巴西大豆资源及其供应链体系研究［J］．资源科学，2011（10）：1855-1862．

[17] 陕西省考古研究所．陕西卷烟材料厂汉墓发掘简报［J］．考古与文物，1997（1）：3-12．

[18] 孙永刚. 栽培大豆起源的考古学探索 [J]. 中国农史, 2013 (5): 3-8.

[19] 王金陵, 张仁双. 巴西的大豆生产与科学研究 [J]. 大豆科学, 1984 (1): 53-63.

[20] 王连铮. 大豆的起源演化和传播 [J]. 大豆科学, 1985 (1): 1-6.

[21] 王绍东. 南美洲大豆育种现状及展望 [J]. 中国油料作物学报, 2014 (4): 538-544.

[22] 王振堂. 试论大豆的起源 [J]. 吉林师大学报 (自然科学版), 1980 (3): 76-84.

[23] 谢甫绨. 日本的大豆生产历史和现状概况 [J]. 大豆通报, 2007 (6): 45-47.

[24] 杨坚. 古代大豆作为主食利用的研究 [J]. 古今农业, 2000 (2): 16-22.

[25] 张居中, 程至杰, 等. 河南舞阳贾湖遗址植物考古研究的新进展 [J]. 考古, 2018 (4): 100-110.

[26] 张守中. 1959 年侯马"牛村古城"南东周遗址发掘简报 [J]. 文物, 1960 (Z1): 11-14.

[27] 赵敏, 陈雪香, 等. 山东省济南市唐冶遗址浮选结果分析 [J]. 南方文物, 2008 (2): 120-125.

[28] 赵团结, 盖钧镒. 栽培大豆起源与演化研究进展 [J]. 中国农业科学, 2004 (7): 954-962.

[29] 中国社会科学院考古研究所东南工作队, 福建博物院, 明溪县博物馆. 福建明溪县南山遗址 [J]. 考古, 2018 (7): 15-27.

[30] Alvin A. Munn. Production and Utilization of the Soybean in the United States[J]. Economic Geography, 1950 (3): 223-234.

[31] American Soybean Association. Princess and Champs to Go to Japan[J]. Soybean Digest. 1969 (2): 9.

[32] Christopher Cumo. The Soybean Breeding Program in Content, 1951－1993 [J]. Northwest Ohio History, 2015 (2): 100－113.

[33] Ping－Ti Ho. The Introduction of American Food Plants into China[J]. American Anthropologist, 1955 (2): 191－201.

[34] R. Fiedler. Economics of the Soybean Industry[J]. Journal of the American Oil Chemists' Society, 1971 (1): 43－46.

[35] Tadao Nagata. Studies on the Differentiation of Soybeans in the World, with Special Regard to that in Southeast Asia: 2 [J]. Japanese Journal of Crop Science, 1959 (1): 79－82.

[36] Tadao Nagata. Studies on the Differentiation of Soybeans in the World, with Special Regard to that in Southeast Asia: 3 [J]. Japanese Journal of Crop Science, 1961 (2): 267－272.

[37] Theodore Hymowitz, J. R. Harlan. Introduction of Soybean to North America by Samuel Bowen in 1765[J]. Economic Botany, 1983 (4): 371－389.

[38] Theodore Hymowitz. Dorsett－Morse Soybean Collection Trip to East Asia: 50 Year Retrospective[J]. Economic Botany, 1984 (4): 378－388.

[39] Theodore Hymowitz. On the Demestication of the Soybean[J]. Economic Botany, 1970 (4): 408－421.

[40] W. E. Riegel. Twenty－five Years of Soybean Growing in America[J]. Soybean Digest, 1944 (9): 25－27.

[41] W. Pregnolatto. Soybean Oil in Brazil and Latin America: Uses, Characteristics and Legislation[J]. Journal of the American Oil Chemists' Society, 1981 (3): 247－249.

[42] William J. Morse. The Versatile Soybean[J]. Economic Botany, 1947 (2): 137－147.